Dominic Multerer

30 Minuten

Klartext

Bibliografische Information der Deutschen Nationalbibliothek

Die Deutsche Nationalbibliothek verzeichnet diese Publikation in der Deutschen Nationalbibliografie; detaillierte bibliografische Daten sind im Internet über http://dnb.d-nb.de abrufbar.

Umschlaggestaltung: die imprimatur, Hainburg
Umschlagkonzept: Martin Zech Design, Bremen
Lektorat: Eva Gößwein, Berlin
Satz: Zerosoft, Timisoara (Rumänien)
Druck und Verarbeitung: Salzland Druck, Staßfurt

© 2016 GABAL Verlag GmbH, Offenbach

Hinweis:
Das Buch ist sorgfältig erarbeitet worden. Dennoch erfolgen alle Angaben ohne Gewähr. Weder Autor noch Verlag können für eventuelle Nachteile oder Schäden, die aus den im Buch gemachten Hinweisen resultieren, eine Haftung übernehmen.

Printed in Germany

ISBN 978-3-86936-737-8

In 30 Minuten wissen Sie mehr!

Dieses Buch ist so konzipiert, dass Sie in kurzer Zeit prägnante und fundierte Informationen aufnehmen können. Mithilfe eines Leitsystems werden Sie durch das Buch geführt. Es erlaubt Ihnen, innerhalb Ihres persönlichen Zeitkontingents (von 10 bis 30 Minuten) das Wesentliche zu erfassen.

Kurze Lesezeit
In 30 Minuten können Sie das ganze Buch lesen. Wenn Sie weniger Zeit haben, lesen Sie gezielt nur die Stellen, die für Sie wichtige Informationen beinhalten.

- Alle wichtigen Informationen sind blau gedruckt.

- Schlüsselfragen mit Seitenverweisen zu Beginn eines jeden Kapitels erlauben eine schnelle Orientierung: Sie blättern direkt auf die Seite, die Ihre Wissenslücke schließt.

- *Zahlreiche Zusammenfassungen innerhalb der Kapitel erlauben das schnelle Querlesen.*

- Ein Fast Reader am Ende des Buches fasst alle wichtigen Aspekte zusammen.

- Ein Register erleichtert das Nachschlagen.

Inhalt

Vorwort

Wer kennt das nicht: „Jetzt red doch mal Klartext!" „Ich wünschte, der würde mal Klartext reden und nicht nur labern." „Und jetzt Butter bei die Fische, damit man weiß, woran man ist!"

Klartext – das ist komischerweise für viele nichts weiter als ein Wunschtraum. Viele empfinden Meetings, Gespräche und Kommunikation überhaupt als Nebelkerzenwerfen, bei dem eher etwas verschleiert als offengelegt wird. Dabei soll Kommunikation doch eigentlich besonders eines erreichen: Klarheit. Klarheit über sich, über das, was man will, was der andere will. Aber da liegt auch einer der Knackpunkte: Diese Forderung nach Klartext ist selbstverständlich. So als ob Klartext eine Sache der anderen wäre. Doch hier liegt der Hase im Pfeffer: Man muss bei sich selbst anfangen und zu dem stehen, was man zu sagen hat.

Das ist einfacher, als Sie denken. Und gleichzeitig auch schwieriger. Ich selbst wusste gar nicht, dass ich in den Augen anderer Klartext rede, bis die es mir sagten und mich baten, ein Buch darüber zu schreiben. Für mich war es schon immer selbstverständlich, klar auszusprechen, was ich denke. Und für Sie kann es das auch werden.

Dass Sie zu diesem Buch gegriffen haben, ist der beste Beweis: Es fehlt in unserer Gesellschaft an Menschen, die Klartext reden, die klar ihre Meinung sagen. Man hält mit Meinungen und Ansichten hinter dem Berg, aber auch mit konkreten Lösungsvorschlägen, was Konflikte nur noch schlimmer macht. Dabei ist es gar nicht so schwer, für Klarheit zu sorgen – und das gilt für den privaten Bereich nicht weniger als für den geschäftlichen.

Dieses Buch kann dazu beitragen, dass in Ihrer Umgebung mehr Klartext gesprochen wird – angefangen bei Ihnen selbst. Klartext ist immer noch nicht selbstverständlich. Ein Interesse am vollständigen Bild einer Sachlage und am Austausch von Lösungsvorschlägen sowie die Bereitschaft, den eigenen Standpunkt zu reflektieren, sind die Voraussetzung.

Aber Interesse am Thema und die Bereitschaft, sich damit zu befassen, haben Sie ja schon bewiesen: Sie haben das Buch in der Hand.

Dann mal los.
Reden wir Klartext!

Dominic Multerer

30 MINUTEN

1. Nichts läuft ohne Klartext

Mal wieder hat der Handwerker die falschen Steckdosen eingebaut. Der Grafiker hat die Flyer nicht annähernd so fantasievoll gestaltet wie gewünscht. Und der Mantel, den die Verkäuferin in die Umkleide gebracht hat, ist so geschmacklos geschnitten, dass sich einem die Zehennägel aufrollen.

Situationen wie diese kennt jeder. Eines haben sie alle gemeinsam: In solchen Fällen heißt es meist, Deutschland sei eine Servicewüste. Es weiß eben niemand mehr, wie das geht: einen Kunden zufriedenzustellen. Doch oft verkennt man auch, dass man selbst gar nicht klar geäußert hat, was man wollte und wie es auszusehen hat.

Warum ist es anscheinend nicht selbstverständlich, sich klar zu einer Sache zu äußern? Oder anders: seine Wünsche in verständliche Worte zu fassen? Es wäre viel einfacher, würde buchstäblich jeder deutlich sagen, was Sache ist. Dann könnten sich andere leicht danach richten. Aber so einfach scheint die Sache oft nicht zu sein ...

1.1 Klartext? Von wegen ...

Was man auch liest, wohin man auch blickt: Klartext scheint in unserer Gesellschaft Mangelware zu sein. Nehmen Sie sich einfach mal ein paar Minuten und googeln Sie das Wort „Klartext". Aber eigentlich haben Sie ja nur 30 Minuten – Maximum, nehme ich an –, also habe ich das mal für Sie erledigt.

Als ich die Suchergebnisse verglichen habe, fiel mir auf, dass Klartext reden nicht die Regel, sondern die absolute Ausnahme ist. So selten, dass es groß angekündigt wird, als die totale Sensation: Politiker, Schauspieler und Sportler sprechen endlich mal aus, was Sache ist! Das klingt echt interessant. Endlich sagt mal einer die Wahrheit, endlich packt es mal einer an!

Allerdings kann man daraus auch schließen, dass bei dem jeweiligen Thema, zu dem die Herrschaften jetzt endlich mal Klartext reden, bislang viel Verwirrung herrschte. Und nun soll durch den (angeblichen) Klartext Ordnung geschaffen werden. Eigentlich ist das etwas Positives – sollte man meinen. Und doch hat Klartext einen eher negativen Beigeschmack. Scheinbar besteht Klartext genau daraus nicht: aus Fakten. Zumindest nicht aus Fakten, die für irgendwen neu wären.

Klare Ansagen

Wenn Sie mich fragen, dann herrscht im Allgemeinen ein falsches Verständnis des Begriffs „Klartext" vor. Der Klartext, von dem in Artikeln und Reportagen die Rede ist, vermittelt einen sehr negativen Zusammenhang: Wenn berühmte Persönlichkeiten „Klartext" reden, ist es meist schon zu spät. Klartext wird dann in der Regel als Affront gegen jemanden benutzt. Schaut man dann genauer hin, was eigentlich gesagt wird, ist es oft nichts weiter als heiße Luft. Mitnichten wird da gesagt, was Sache ist – denn das würde bedeuten, dass man das Kind beim Namen nennt und der Welt klar mitteilt, wie die eigene Position zu der Sache ist.

Bei VW fordern zum Beispiel derzeit alle Klartext bezüglich der Abgaswerte bei Dieselautos – dabei kristallisiert sich langsam heraus, dass es im Konzern schon seit Jahren Techniker gab, die auf die fehlerhafte Messung hinwiesen. Und der Innenminister „redet Klartext" über die Flüchtlingslage. Dabei sagt er nur, dass sehr viele Leute gerade ankommen. Aber das hören wir auch schon seit Wochen in den Nachrichten. Man kann sich nur fragen, warum er jetzt erst die Tatsachen feststellt.

Wir fragen uns bei dieser Art von Klartext oft, warum nicht schon viel früher mal Butter bei die Fische gegeben wurde. Warum nicht schon vorher mal deutlich gesagt wurde, wie die Umstände sind und wie man ihnen begegnen könnte, statt Nebelkerzen zu werfen.

Warum ist Klartext eigentlich so schwer?

Klartext zu reden scheint also ziemlich schwer zu sein. Dabei wäre doch alles viel einfacher, wenn man die Dinge von Anfang an beim Namen nennen würde, stimmt's? Viele Probleme wären gar nicht erst aufgekommen, wenn man selbst gleich gesagt hätte, was man will. Das haben Sie sich sicher auch schon oft gedacht. Woran liegt es dann aber, dass kaum einer das auch wirklich tut? Ich habe mich mal umgehört und bin nach ein paar Recherchen auf etwas gekommen, das vielleicht einen Lösungsansatz für diese Frage bieten könnte: Wir sind (gerade hier in Deutschland) ziemlich harmoniesüchtig. „Bloß keine eigene Meinung haben!", scheint manchmal das Motto zu sein, ganz egal, um welches Thema es geht, häufig sagt man nichts dazu. Es könnte sich ja jemand auf den Schlips getreten fühlen. Eine Äußerung kann gefährlich sein – man könnte anecken oder in die falsche Schublade gesteckt werden. Ein unerträglicher Zustand, wenn es um die geht, die uns nahestehen und deren Meinung *uns* wiederum aus irgendeinem Grund wichtig ist.

Klartext wird oft negativ aufgefasst

Und so hält man mit der eigenen Meinung häufig hinterm Berg, sei es in der Firma oder in der Beziehung. Bei der Arbeit kann eine eigene Meinung, wenn sie gegen die Firmenphilosophie oder – Gott bewahre! – die Meinung des Chefs geht, gar schaden. In der Partnerschaft könnten, so die Befürchtung vieler, konträre Meinungen im Extremfall zu einer Trennung führen. Man vermeidet also Dinge, die für einen selbst schlecht, schmerzhaft, gefährlich oder zumindest stark angsteinflößend sind.

Für diese Theorie spricht auch, dass der „Klartext", den man beim Googeln findet, oft in einem negativen Zusammenhang auftaucht. Wenn in den Schlagzeilen „Klartext" angekündigt wird, dann geht es meist um eine Enthüllung, die jemandem wehtut, und zwar meistens dem anderen, dem, der keinen Klartext redet: „Liese Müller packt aus: Endlich redet sie Klartext über ihren Ex-Mann!" „Bodo Boxer: Endlich redet einer Klartext über das Doping im Sport!" Schlagzeilen, die wir alle kennen. Und die Schuldzuweisungen enthalten. Der andere hat Schuld an der Situation, nicht man selbst. Aber das ist kein Klartext!

Angst oder Blockade?

Hand aufs Herz: Das, was man oft unter Klartext versteht, ist meist für irgendjemanden schmerzhaft. Denn zu einer solchen Aussprache kommt es oft erst, wenn es gar nicht mehr anders geht. Wenn der Schuss nicht gehört wurde und das Kind schon in den Brunnen gefallen ist. Nicht selten besteht dieser vermeintliche Klartext aus kaum etwas anderem als Schuldzuweisungen – es geht im Grunde nicht darum, mit etwas aufzuräumen, sondern darum, Frust abzulassen, der sich über eine lange Zeit aufgebaut hat.

Das aber verursacht Zorn beim anderen. Kein Wunder, denn diese Form von Klartext ist keine angenehme Sache. Auch für den nicht, der diese Art von Ansage macht. Wer macht sich schon gerne unbeliebt?

Zurück zum Thema Angst: Fallschirmspringen ist nicht

gefährlicher als Autofahren – doch trotzdem flößt es mehr Angst ein. So könnte es auch mit Klartext sein. Angst ist also ein Grund, etwas nicht zu tun.

Der zweite Grund, etwas nicht zu tun, ist komplizierter: Man vermeidet es, Dinge zu tun, die man als unangenehm empfindet. Egal, ob sie nötig sind oder nicht. Meist sogar besonders dann, wenn sie nötig sind. Statt sie sofort zu erledigen, macht man einen Bogen um diese Dinge. Man will gar nichts damit zu tun haben. Nehmen wir mal die Steuererklärung: Keiner macht sie gern, meist wird das Sammeln, Zusammensuchen und Ausrechnen von Quittungen, Rechnungen und zu zahlenden Beträgen so lange hinausgeschoben, wie es geht – und dann macht man es in aller Hektik und auf den letzten Drücker. Warum? Es wäre doch viel einfacher, sich direkt hinzusetzen und das an einem Nachmittag zu erledigen, damit man es von der Backe hat. Stattdessen werden hundert Ausreden erfunden, warum es nicht geht: „Ich hab den Rasen noch nicht gemäht, die Hausaufgaben für die Jüngste sind nicht kontrolliert und überhaupt war ich schon so lange nicht mehr beim Sport. Und den Brief an Tante Ulla wollte ich ja auch noch schreiben."

Psychologen nennen das eine Blockade: Etwas ist unbestreitbar sinnvoll, aber trotzdem wird es nicht gemacht. Lieber etwas verdrängen, keine Klarheit haben – aber sich auch nicht mit dem Unangenehmen auseinandersetzen müssen. Man kann angenehm weiterleben und so tun, als existiere das, was man tun muss, eigentlich gar nicht. Bis es einem dann um die Ohren fliegt.

Klarheit und Gewissheit befreien. Alles andere belastet nur.

Klartext wird oft vermieden

Angst und eine psychologische Blockade führen also dazu, dass Klartext oft vermieden wird, und das ist verständlich, denn Klartext – wie er heutzutage verstanden wird – kann zu schmerzhaften Erkenntnissen führen, etwa dass man es selbst auch nicht hingekriegt hat oder dass man in der Vergangenheit vieles falsch gemacht hat. Nicht nur für den, der sich den Klartext anhören muss, ist das schwierig, sondern auch für einen selbst.

In persönlichen Beziehungen ist Klartext schon etwas einfacher und damit auch verbreiteter, in Unternehmen grassiert dagegen die Vermeidung von Klarheit besonders massiv. Das hat paradoxe Folgen: Manchmal schätzen gerade Manager, Vorgesetzte und Chefs Klartext nämlich überhaupt nicht! Über die Gründe kann man nur spekulieren, doch einer davon ist sicher: Man befürchtet, dass eigene Fehler ans Licht kommen.

Trotzdem bemerken viele, dass eben doch nicht alles rundläuft. Um festzustellen, was das ist, werden in solchen Fällen nicht die eigenen Mitarbeiter – die es doch am besten wissen müssen! – gefragt. Bewahre! Nein, es werden Coaches angestellt, Unternehmensberater, die dann analysieren, wo der Sand im Getriebe wohl herkommen könnte.

Klar geht so etwas auch in privaten Beziehungen. Da setzen sich Paare wochenlang zum Paartherapeuten, um dann schließlich Dinge zu erfahren, die ein paar Sätze Klartext schon lange hätten aus der Welt schaffen können.

Natürlich ist Hilfe von außen manchmal nötig, die biete ich als Unternehmensberater ja selbst an. Manchmal sieht man eben den Wald vor lauter Bäumen nicht. Aber es gilt: Klartext ist eine Kultur. Wahrheit ist wichtig, dann klappt's auch mit dem Nachbarn. Und dem Partner. Und mit der Produktion im Unternehmen.

30 *Wir reden häufig keinen Klartext, sondern lassen nur unseren Frust ab. Damit tragen wir selbst zu einer negativen Beurteilung des Begriffs bei – und das, obwohl Klartext doch eigentlich helfen sollte, uns Gewissheit zu verschaffen. Also: Keine Angst mehr vor Klartext!*

1.2 Was ist Klartext eigentlich?

Wenn man im Netz ein wenig zum Thema Social Media recherchiert, stellt man schnell fest, dass in Deutschland der Dienst Twitter viel seltener genutzt wird als andere soziale Medien. Über 70 Prozent der Deutschen sind auf Facebook angemeldet. Auf Twitter dagegen nur 24 Prozent. Woher kommt dieses Gefälle? In anderen Ländern, besonders den englischsprachigen, ist das Verhältnis eher umgekehrt: Dort findet ein Großteil der Social-Media-Nutzer Twitter viel interessanter als Facebook.

Meines Erachtens liegt das an den unterschiedlichen Diskussionskulturen der verschiedenen Länder. Amerikaner und Briten lernen schon in der Schule in Debattierklubs, wie man Standpunkte einnimmt, eine Meinung entwickelt und diese dann auch vertritt. Für sie ist das etwas ganz Selbstverständliches.

Ohne Standpunkt kein Klartext

In Deutschland ist das dagegen anders. Hier scheint es beliebter zu sein, Selfies zu posten. Lieber stellt man ein Bild der eigenen süßen Katze ins Netz oder eines vom letzten Abendessen mit dem Partner, als ein Statement abzugeben. Das ist so schön ungefährlich. Man stellt sich selbst dar, aber nicht anhand eines Standpunkts. Schon beim Äußern einer Meinung erntet man hierzulande oft den Vorwurf, man wolle anderen seine Meinung aufzwingen. Das wird umso schlimmer, je entschiedener man diese eigene Meinung äußert. Und das, obwohl man sie doch nur in den Raum stellt! Dem anderen ist es dann immer noch überlassen, diese Meinung gut oder schlecht zu finden. Doch manche fürchten schon diese an sich harmlose Bewertung anderer und nehmen sie persönlich. Dabei kennt einen der andere im Netz doch meist gar nicht – er kann also nur die Meinung (die ja noch nicht einmal ein Standpunkt ist) angreifen. Wenn überhaupt.

Schon eine Meinung zu vertreten, ist in Deutschland also ziemlich unpopulär. Vielleicht ist die *Bild*-Zeitung unter anderem deshalb so unbeliebt. Sie nimmt einen

Standpunkt ein, und das in der Regel sehr deutlich. Ich muss gestehen, ich liebe die *Bild*. Der Werbespruch „Bild dir deine Meinung" ist super – und treffend. Denn so krass die Schlagzeilen oft sind, so erkennbar ist der Standpunkt, den die Redakteure einnehmen. Der Vorteil gegenüber vielen anderen Blättern, die als intellektueller gelten, liegt klar auf der Hand: Man kann sich mit dem Gesagten auseinandersetzen, sich daran reiben und – wenn man anderer Ansicht ist – einen gegenteiligen Standpunkt einnehmen. Einen Standpunkt, den andere Zeitungen oft gar nicht erst anzustreben scheinen.

Eine Meinung macht noch keinen Klartext

In den hiesigen Chefetagen zeigt sich der Mangel an Klartext besonders deutlich. Ich habe schon Meetings erlebt, die es eigentlich gar nicht geben darf. Kaum wird einem der Teilnehmer das Wort erteilt, lässt sich dieser lang und breit über das Thema aus. Dabei beurteilt er das Thema gar nicht, sondern äußert nur alle Pros und Kontras. Und wenn er sich langsam an den Punkt heranpirscht, der seiner Meinung nach wichtig ist, dann muss der Chef nur einmal kurz skeptisch gucken – schon wird das Wort weitergegeben und der, an den es geht, rudert kräftig zurück. Hauptsache, man lässt sich nicht festnageln. Man könnte ja falschliegen! Jeder relativiert die Aussagen des anderen, das Gesagte wird noch ein paar Mal durchgekaut und wieder und wieder neu „eingeordnet", damit auch ja keiner eine Möglichkeit hat, etwas in den falschen Hals zu kriegen.

Am Schluss ist die Verwirrung komplett. Keiner weiß mehr genau, was eigentlich gesagt wurde und warum. In solchen Situationen tut mir immer die Person leid, die Protokoll führen und das Ganze aufschreiben muss. Fakt ist: Am Ende von solchen Meetings (und das gilt für entsprechende Situationen im Privatleben genauso) sind alle Beteiligten zufrieden. Keinem wurde wirklich wehgetan, keiner musste etwas sagen, das ihn vor den anderen in Misskredit gebracht hat. Alle können sich auf die Schultern klopfen, weil keiner das Gesicht verloren hat.

Doch was nutzt das Ganze dann eigentlich? Man hat Meinungen ausgetauscht, die aber keinem wirklich wehtun – eben weil sie die Sachlage nicht auf den Punkt bringen. Aber wenn keiner weiß, was beschlossen wurde, hätte man es auch genauso gut lassen können.

In Firmen ist das verhängnisvoll, und jedem fallen sicher auch Beispiele aus anderen Bereichen ein. Wenn Dieter Bohlen nicht klar sagen würde: „Bei dir reicht es nicht einmal für ein Ständchen am Geburtstag deiner Oma!", dann wüsste so manches Supertalent nicht, dass es gar nicht singen kann.

Was Klartext sicher nicht ist

Klartext heißt nicht, dass man eine Lösung hat. Dieter Bohlen würde nie hingehen und einem Supertalent, das gar keins ist, empfehlen, es solle auf alle Fälle Steuerberater werden. Er weiß nicht, wo die Talente des Möchtegernkünstlers liegen. Er weiß zunächst einmal nur, wo sie definitiv *nicht* liegen: beim Singen nämlich. Auch dem Handwerker, dem Sie deutlich sagen, dass Ihr Bad renoviert werden soll, müssen Sie nicht jedes Detail erklären. Dass die alten Fliesen dann zu entfernen und neue zu legen sind, kann er sich denken. Auch *wie* die neuen Fliesen zu legen sind, weiß er, denn dafür hat er eine Ausbildung gemacht und im Idealfall lange gearbeitet. Es reicht schon, wenn Sie ihm klar sagen, welche Fliesen Sie haben möchten. Klartext heißt also zunächst einmal, dass Sie überhaupt wissen, welche Fliesenfarbe Sie haben wollen.

Im ganz großen Stil ist das wohl auch das, was auf der Baustelle des neuen Hauptstadtflughafens so schiefgelaufen ist: Keiner wusste Bescheid, jeder hat mal irgendwas gemacht, aber nichts passte hinterher zusammen. Es war keiner da, der von Anfang an Klartext geredet und gesagt hat: „So machen wir das jetzt."

Eine Meinung ist noch kein Klartext. Für Klartext brauchen Sie eine **fundierte** Meinung: einen Standpunkt.

30 Wer eine Diskussion will, die weiterbringt, darf nicht immer um den heißen Brei herumreden. Wer Ergebnisse sehen will, der muss einen Standpunkt einnehmen. Eine Lösung ist das noch nicht, aber der erste Schritt dorthin.

1.3 Raus aus der Komfortzone!

Halten wir fest: Klartext kann nur der von sich geben, der einen Standpunkt hat, der sich vorher überlegt hat, was er zu sagen hat und was er will. Verstehen Sie mich nicht falsch! Es ist gut, eine Meinung zu haben, und natürlich darf man sie auch vertreten. Doch man muss unterscheiden: Eine Meinung ist nicht das Gleiche wie ein reflektierter Standpunkt!

Sich zu einem Standpunkt durchringen

Wichtig ist also zuallererst, sich zu einem Standpunkt durchzuringen. Das heißt, man sollte sich überlegen, was das Problem ist – und was man zur Lösung oder einem reibungslosen Ablauf auf dem Weg dorthin beitragen könnte.

Klar ist das nicht immer einfach. Ich habe die Problematik oben schon angerissen: Oft wird Klartext vermieden. Man möchte es sich in seiner Komfortzone bequem machen. Man will, dass alles glattgeht und dass niemand die eigenen Kreise stört. Alles, was darauf hindeutet, dass man diese Komfortzone, die in der Regel selbst gebastelt ist, vielleicht verlassen müsste, wird abgelehnt. Von dieser Blockade hatte ich schon gesprochen. Zudem tun Leute unangenehme Dinge – oder solche, von denen sie glauben, sie seien unangenehm – einfach nicht gern.

Doch es gibt auch andere Gründe, warum Menschen Standpunkte nicht mögen, selbst wenn sie damit gar nicht anzuecken drohen: So kosten Standpunkte natürlich Zeit. Sich zu einem reflektierten Standpunkt durchzuringen, erfordert Arbeit und dauert eine Weile. Denn man muss sich schließlich mit der Materie befassen, zu der man einen Standpunkt entwickeln will.

Will man beispielsweise, dass das neue Haus renoviert wird, bevor man einzieht, sollte man sich tunlichst Gedanken darüber machen, welche Tapete man an den Wänden sehen will. Für einige ist das Problem leicht gelöst. Sie engagieren einen Innenarchitekten oder eine Stilberaterin und überlassen ihnen einfach alles. Man gibt dem Fachpersonal und den Handwerkern höchstens noch einen Zeitraum vor, in dem sie mit dem ganzen Streichen, Tapezieren und Umbauen fertig sein sollen. Schließlich will man ja auch eines Tages mal einziehen.

Für die meisten von uns ist das aber nicht so einfach. Wir müssen die Entscheidung, welche Farbe wir an den Wänden haben wollen, selbst treffen und können sie nicht delegieren. Und dann heißt es: die Baumärkte abklappern, die Möbelhäuser, die Teppichparadiese, vielleicht auch Designzeitschriften und andere einschlägige Literatur durchforsten. „Was könnte mir gefallen? Was könnte überhaupt passen? Die riesige Wohnlandschaft ist toll, die Farbe angenehm, auch den Preis könnte ich mir leisten. Aber vielleicht ist der Platz nicht da, das Haus zu verwinkelt?" Das kostet Zeit, manchmal auch Streit, wenn man nicht allein in das Haus einzieht, sondern mit dem Partner oder der Familie.

Und manchmal kostet es auch Überwindung. Zum Beispiel, wenn die Familie und der Ehemann eben nicht auf Rosa stehen, sondern lieber langweiliges, aber robustes Braun oder Schwarz bevorzugen.

Beratung annehmen

Um sich zu einem reflektierten Standpunkt durchzuringen, sollte man also auch seine eigenen Schwächen sehen und sich eingestehen können. Auch das bedeutet: aus der Komfortzone rauskommen! Denn es ist natürlich immer schwer, sich einzugestehen, dass man etwas nicht gut kann. Ihnen mag zwar die dunkle Farbe gefallen, aber trotzdem passt sie vielleicht nicht ins Wohnzimmer.

In solchen Fällen heißt es, zum einen in sich zu gehen und zum anderen auch mal Rat von außen anzunehmen. Das bedeutet vielleicht, auf den Handwerker zu hören, der sagt: „Streichen Sie das Zimmer besser nicht in diesem dunklen Blau. Es liegt nach Nordwesten, die Farbe wird zu kalt wirken."

Doch viele Leute tun das gar nicht erst. Sie bilden sich schnell eine (ziemlich unfundierte) Meinung („Ich mag Terrakotta und Gelbtöne aber einfach nicht!") und bleiben dann dabei. Sie wollen recht haben und sich nicht korrigieren lassen – immerhin würde Letzteres bedeuten, dass sie sich eine Schwäche eingestehen müssten, nämlich die, sich gar keine Gedanken gemacht zu haben. Oft wollen diese Menschen den Anschein erwecken, dass sie überall den Durchblick haben.

Kein Interesse an Klartext?

Dann gibt es da noch Menschen, die die Dinge absichtlich komplizierter machen, als sie eigentlich sind. Das sind Leute, die an Klartext gar kein Interesse haben und nur so tun, als ob sie Klartext sprächen.

Warum sie das tun? Sie wollen sich wichtigmachen. Zumindest tun diese Typen nicht viel, um das Chaos, wenn sie es sehen, zu entwirren. Manchmal sind sie sogar die Ursache dafür, dass überhaupt Verwirrung entsteht. Statt Klartext zu reden, sagen sie schließlich, wenn die Verwirrung am größten ist, wie ihre eigene Lösung lautet. Ein gutes Beispiel wäre ein Handwerker, der zunächst gar keine Lösungsvorschläge anbringt, sondern Sie erst mal mit allen möglichen uninteressanten Optionen verwirrt, um dann schließlich etwas ganz „Geniales" zu präsentieren. Das macht er, damit Sie auf jeden Fall einsehen, dass Sie ganz recht damit hatten, einen Experten wie ihn zu engagieren.

So können sich Leute zu Helden hochstilisieren: Sie sind die Einzigen, die überhaupt den Durchblick haben. Das ist ganz schön verführerisch. Und ein Grund für Sie, sich eben nicht so zu verhalten, sondern sich stattdessen in haarigen Situationen sofort so klar wie möglich zu äußern, auch wenn es schwerfällt!

Wer Mut hat, verlässt die Komfortzone

Zu einem reflektierten Standpunkt gehört nämlich auch, dass Sie Fragen stellen und sich von Experten beraten lassen. Eine klare Frage gleich zu Beginn, was man bei Fußbodenheizungen beachten muss, wenn man Parkett wünscht, hätte möglicherweise geholfen, einen Streit über das (für diesen Zweck ungeeignete) Billiglaminat gar nicht erst aufkommen zu lassen.

Sich gegen Leute, die gar kein Interesse an Klartext haben, zur Wehr zu setzen, erfordert Mut – Mut zum Klartext:

- Mut, sich selbst zu überwinden.
- Mut, Zeit und Arbeit zu investieren, um Stellung zu beziehen.
- Mut, diesen Standpunkt auch mal infrage zu stellen und nicht wider besseren Wissens darauf zu beharren.
- Mut, sich einzugestehen, dass niemand perfekt ist – auch Sie nicht.

Noch einige andere Eigenschaften gehören zum Klartext ganz grundsätzlich dazu, aber dazu komme ich später. Hier geht es ja zunächst darum, wie Sie es überhaupt schaffen können, aus Ihrer Komfortzone herauszukommen. Dazu brauchen Sie Mut.

Testen Sie sich!

Wo müssen Sie noch an sich arbeiten, um zu einem Klartext-Typen zu werden?

Stimmen Sie zu?	✓
Ich mache mir oft Gedanken darüber, wie ich auf andere wirke.	
Meistens habe ich sofort eine Meinung zu einem Thema und es ist mir egal, was andere sagen.	
Ich habe oft auch zu Themen eine Meinung, die mir eigentlich egal sind.	
Wenn ich einen Termin nicht einhalten kann, dann melde ich mich oft erst in letzter Sekunde. Es könnte ja sein, dass ich ihn doch noch wahrnehmen kann.	
Wenn mich jemand kritisiert, ziehe ich mich schnell zurück.	
Wenn mir jemand etwas verkaufen will, dann sage ich schon mal, dass ich es mir überlege, auch wenn ich gar kein Interesse habe.	

Je mehr dieser Aussagen Sie zustimmen können, desto eher müssen Sie noch an sich arbeiten, um wirklich zu einem Klartext-Typen zu werden.

Um zu erkennen, was Klartext ist, sollten Sie sich über Folgendes Gedanken machen:

- *Was heutzutage „Klartext" genannt wird, ist oft keiner. Klartext ist keine Frustentladung, die meist stattfindet, wenn das Kind schon in den Brunnen gefallen ist – oder er sollte es zumindest nicht sein!*

- *Klartext heißt, dass Sie selbst Stellung beziehen. Aber: Eine Meinung ist kein Standpunkt. Ein reflektierter Standpunkt ist etwas, das man sich erarbeiten muss. Investieren Sie Zeit und Arbeit – das ist nötig, um überhaupt zu einem reflektierten, sprich überlegten Standpunkt zu kommen.*

- *Manchmal kann Klartext wehtun. Nicht nur dem Adressaten, sondern auch Ihnen selbst. Es kostet Mut, Zeit und Arbeit. Aber es lohnt sich!*

30 MINUTEN

2. Bewusst Klartext reden

Dass es sinnvoll ist, Klartext zu reden, haben wir festgestellt. Doch noch haben wir nicht geklärt, wie das mit dem Klartext überhaupt funktioniert. Um das einzugrenzen, kann man zunächst mal auf das schauen, was Klartext nicht ist. Täglich begegnen uns nämlich Menschen, über die wir eines mit Sicherheit sagen können: Sie merken gar nicht, was für sinnloses Zeug sie den ganzen Tag reden.

Klartext zu reden, einen Standpunkt einzunehmen, das ist ein erster Schritt. Aber nicht immer ist der eigene Standpunkt wirklich gefragt. Und dann kann das, was in bestimmten Situationen durchaus Klartext sein könnte, auf einmal zu einer weiteren Hürde auf dem Weg zum Konsens oder zur Deutlichkeit werden.

Manchmal geht es eben darum, dass man sich mit der Situation befasst und nicht nur um sich selbst kreist. Und das ist gar nicht so einfach: Es erfordert, über die eigene Schreibtischkante hinaus zu denken und die Situation zu erfassen, um die es geht. Dann bedeutet Klartext auch erst einmal: den Mund halten.

2.1 Die Lösung interessiert, nicht die Geschichte

Bei Klartext geht es darum, eine heikle Situation, ja vielleicht sogar eine, die verfahren ist, aufzulösen – Klarheit zu schaffen. Dazu muss man natürlich bei sich selbst anfangen, aber das allein reicht noch nicht. Es geht auch um die Situation selbst. Wie ist sie beschaffen? Was ist eigentlich so verwirrend daran? Und was genau ist nötig, um das Problem zu lösen?

Neulich habe ich es wieder erlebt: Ein alter Freund rief mich abends an. Er war genervt und verzweifelt, denn er wollte seine Steuererklärung machen. Das hatte sich allerdings als kompliziert erwiesen, denn er musste dafür mehrfach Codes online eingeben. Das dient dem Datenschutz, ist aber eine komplizierte Sache: Immer wieder muss per Mail ein neuer Zugangscode angefordert werden, der dann zugeschickt wird und umständlich eingegeben werden muss.

Bei meinem Freund hakte es hier. Er wusste gar nicht mehr genau, woran eigentlich, und so hatte er gleich am Nachmittag seinen Steuerberater angerufen und ihn um Rat gebeten.

Genau hinhören

Doch raten Sie, was passiert ist: Statt seinem Mandanten eine Antwort auf seine Frage zu geben, fing der Steuerberater sozusagen bei Adam und Eva an. Er erklärte meinem Freund die Rechtslage von Anfang bis

Ende, analysierte für ihn die Vor- und Nachteile des Systems und zählte alles auf, was sich aus Expertensicht dazu sagen ließ.

Mein Freund verstand nur noch Bahnhof. Am Ende rief er mich in seiner Verzweiflung an. „Bitte, Dominic, entwirr dieses Chaos für mich, denn ich blicke nicht mehr durch."

Der arme Kerl tat mir leid. Aber ich musste ihn erst einmal vertrösten, denn obwohl ich einmal eine Ausbildung in diesem Bereich gemacht habe, hatte ich das alles natürlich nicht sofort auf der Pfanne. Doch nachdem ich mich eine Weile damit beschäftigt hatte, habe ich begriffen, wo das Problem liegt. Ich konnte meinen Freund also anrufen und ihm genau erklären, was zu tun ist.

Genau das ist der Punkt. Sie ahnen vielleicht, was der Steuerberater meines Freundes falsch gemacht hat. Er hat zwar – wahrscheinlich – klare Worte zum Thema „Online-Abfrage in Steuersachen" gefunden und meinem Freund ausführlich die Sachlage erklärt, und das sicher auch sehr kompetent – doch darum geht es mir hier gar nicht. Es geht mir darum, dass mein Freund sein Problem schon kannte – so gut, dass es ihm schon zum Hals heraushing. Die ganzen Erläuterungen seines Steuerberaters hätte er nicht gebraucht. Wichtig war für ihn eine Erklärung, warum er an einem bestimmten Punkt stecken geblieben war.

Ich will mich nicht loben, aber im Gegensatz zu dem Steuerberater habe ich das Gespräch vertagt, als ich erkannte, um welche Art Problem es ging. Auch ich musste die Lösung erst suchen, aber ich habe nicht einfach drauflosgeredet, weil ich keine Antwort hatte. Diese hatte ich eben nicht sofort parat – offenbar genauso wenig wie der Steuerberater.

Lösungsorientiert denken

Es gibt viele Leute, die einfach erst einmal drauflosreden, wenn sie nicht sofort eine Antwort wissen. Dafür gibt es verschiedene Gründe, die ich im vorherigen Kapitel bereits angesprochen habe. Manche Leute verschleiern die Lage oder das Problem, ohne dass ihnen das bewusst ist. Das ist relativ harmlos, aber dennoch ärgerlich, denn es trägt nicht zur Lösung des Problems bei.

Solche Leute kennt sicher jeder, man trifft sie beispielsweise in Besprechungen bei der Arbeit. Diese sind in der Regel dazu da, Hindernisse bei der Routinearbeit zu lösen und einen reibungslosen Arbeitsablauf zu gewährleisten. Doch kaum ist in so einem Meeting das Problem angesprochen, meldet sich einer, der nur die Lage analysiert, statt eine Lösung vorzuschlagen.

Natürlich kann es hilfreich sein, sich erst einmal anzusehen, was zur Entstehung des Hindernisses im Arbeitsablauf geführt hat. Man käme sicherlich nicht sonderlich weit, wenn man das nicht täte – schon Albert Einstein sagte sinngemäß, Dummheit sei, einen Fehler immer wieder zu machen und nichts dazuzulernen. Allerdings ist man nicht zusammengekommen, um das Hindernis von allen Seiten zu betrachten, sondern um nach Möglichkeiten zu suchen, um es aus dem Weg zu räumen.

Nicht um den heißen Brei herumreden

Die, um die es mir in diesem Abschnitt besonders geht, sind die Schwätzer. Diese Leute kommen nicht zum Kern einer Sache, so wie der Steuerberater meines Freundes: Statt seinem Mandanten konkret zu erklären, wie das mit den Codes bei der Online-Eingabe von Daten funktioniert, erklärte er ihm, warum man das eigentlich tun sollte und welche rechtliche Grundlage das denn überhaupt hat.

Sind in Besprechungen Schwätzer anwesend, ist es schwer, die Treffen mit einem konkreten Ergebnis zu beenden, sodass alle zufrieden den Raum verlassen können. Diese Menschen kapern gewissermaßen die Versammlung und reden so lange über die Symptome des Problems, bis niemand mehr zuhört. Sie scheinen zu glauben, dass Probleme schon irgendwann verschwinden, wenn man nur lange genug darüber redet. Doch stattdessen haben über all dem sinnlosen Gerede nicht nur die Schwätzer selbst nach einer Weile vergessen, was eigentlich der Grund der Besprechung war.

Noch ein Beispiel gefällig? Der Handballverein kann nicht länger mittwochs um fünf trainieren, weil zur gleichen Zeit die Schwangerschaftsgymnastik stattfinden soll. Statt zu fragen, welche Alternativtermine es gibt, wird nun stundenlang diskutiert, warum Schwangerschaftsgymnastik denn überhaupt nötig ist, was das bringen soll. Ja, das frage ich mich in solchen Situationen auch:

> Was bringt es, das Für und Wider aller Aspekte einer Situation auszudiskutieren? Die Situation ist da. Es geht darum, eine Lösung für das Problem zu finden.

Besprechungen scheitern oft schon am ersten Schritt auf dem Weg zum Klartext: nämlich daran, zu erkennen, um welche Frage es gerade geht. Das zu eruieren, führt schon ein erhebliches Stück weiter.

Der zweite Schritt wäre dann, sich eine klare Antwort auf diese Frage zu überlegen. Doch auch hier reden einige Leute noch immer nicht Klartext und nehmen keinen eindeutigen eigenen Standpunkt ein.

Es gibt Fälle, in denen das verständlich ist, beispielsweise im Unternehmen, in dem man arbeitet: Chefs und Kollegen wollen eine fundierte Meinung nicht hören, denn sie wird sehr häufig als Kritik aufgefasst. Und oft geht es ja auch darum, etwas am Status quo zu verändern. Ein klarer Standpunkt kann andere Leute vor den Kopf stoßen und unangenehm sein.

Weit entfernt von Klartext

Wirklich schwierig sind Leute, die man als Poser bezeichnen könnte: Diese „Pseudo-Klartext-Typen" sind in der Regel geradezu eitel. Oft sagen sie, dass sie Klartext wollen, dass dieser nötig ist, um endlich zum Punkt zu kommen, doch sie meinen es mit dem Klartext gar nicht ernst. Wenn es dann ans Eingemachte geht, stellt sich schnell heraus, dass sie – beabsichtigt oder unbeabsichtigt – mit diesen markigen Worten einen falschen

Eindruck hinterlassen haben. Sie sprechen in der Regel klare Worte aus, aber deswegen ist das, was sie von sich geben, noch lange kein Klartext.

Zum Schluss noch ein Wort zu einer Gruppe von Leuten, die in keine der bisher genannten Kategorien passt: die Leute, die einfach nur drauflosplappern, weil sie etwas übersehen oder missverstanden haben. Mit ihnen wird man am einfachsten fertig. Es ist nicht schwer, ihnen zu sagen, was sie übersehen oder missverstanden haben. Die Wahrscheinlichkeit, dass sie ihr Missverständnis oder auch ihre Nachlässigkeit eingestehen, ist hoch – und damit ist die Sache auch schon erledigt.

Konzentrieren Sie sich auf die Frage, die Klartext erfordert, und reden Sie dabei nicht um den heißen Brei herum. Es geht um eine Lösung des Problems, nicht um das Problem selbst.

2.2 Tacheles ist nicht Klartext

Klartext braucht nicht unbedingt starke Worte. Vielen ist das nicht bewusst: Sie denken, Klartext sei das, was man in der Arbeitswelt unter „deutlichen Worten" versteht. Das kennt jeder: Chefs, die einem gründlich zu jeder passenden und auch zur unpassenden Zeit die Meinung geigen, indem sie einen wenn schon nicht mit Schimpfworten, so doch zumindest mit Worten und Formulierungen bombardieren, die als beleidigend empfunden werden.

Solche Typen reden jedoch nicht Klartext, sie reden Tacheles. Häufig werden diese beiden Begriffe miteinander verwechselt oder gleichgesetzt. „Jetzt reden wir aber mal Tacheles!", wäre dann gleichbedeutend mit: „Jetzt reden wir aber mal Klartext."

Für mich gibt es da aber deutliche Unterschiede. Ich selbst verstehe unter Tacheles: starke Worte von oben nach unten. Nachdem einer Tacheles geredet hat, trauen sich die anderen oft gar nicht mehr, einen Standpunkt – wenn sie denn einen haben – auszusprechen. Das ist gar nicht gut. Nicht nur in Unternehmen, sondern auch im Privatleben werden Dinge so verschleiert statt geklärt.

Deutlich, aber nicht zu deutlich

Es gibt Leute, die tatsächlich nur austeilen können. Man findet sie oft in der Chefposition (also im Berufsleben), aber auch Freunde und sogar der Lebenspartner können diesem Typus angehören. Oft fallen solche Menschen auch in Kunden-Dienstleister-Beziehungen auf. „Servicewüste Deutschland!", heißt es dann, dabei sind es eigentlich die Kunden, die die Aufklärung eines Sachverhalts verhindern, weil sie es vorziehen, ihren Frust abzulassen, und lieber den Kundenberater, die Callcenter-Agentin oder den Verkäufer im Elektromarkt anpöbeln, statt der Sache auf den Grund zu gehen. Dann fallen Sätze wie: „Was machen Sie in Ihrem Saftladen denn überhaupt den ganzen Tag?"

Aus der Sicht des Schimpfenden mag das seine Berechtigung haben. Vielleicht ist schon so viel schiefgelaufen, dass er sich abreagieren muss. Einerseits natürlich verständlich. Andererseits können diejenigen, die in solchen Fällen angepflaumt werden, oft nichts dafür, dass sich ihr Gegenüber nun abreagieren muss – und zu einer Lösung der Situation trägt eine solche Kommunikation natürlich auch nicht bei. Im Gegenteil: Klartext wird so verhindert. Denn auf einmal geht es nur noch darum, wer was falsch gemacht hat – und nicht mehr darum, einen Konflikt zu lösen.

Tacheles hilft langfristig nicht weiter

Tacheles zu reden ist selbstverständlich nützlich, wenn sich schon so viel Frust aufgebaut hat, dass man ohnehin vor Wut nicht mehr weiß, wohin damit. Dann ist es sinnvoll, diesen Ärger über die falsch abgebuchte Amazon-Lastschrift oder das versemmelte Projekt erst einmal loszuwerden, damit man den Kopf frei hat, um das eigentliche Problem angehen zu können.

Und das sollte man auf keinen Fall aus dem Auge verlieren, was jedoch leicht passiert, wenn man aus falsch verstandener Ehrlichkeit einfach drauflospoltert. Man mag zwar gute Gründe haben, wenn man – aus Sicht des anderen – aus heiterem Himmel loslegt, sodass der andere nur verblüfft „die Ohren anlegen" kann, nur: Mit angelegten Ohren hört sich's eben auch schlecht.

Mit so einem Wutausbruch erreicht man also nur eines: dass sich derjenige, mit dem man eigentlich gemeinsam ein Problem lösen sollte, diesem Lösungsvorgang verschließt. Das ist verständlich. Wer würde schon gern mit einem Menschen verhandeln oder zusammenarbeiten, der einen beleidigt? Auch darum geht es bei Klartext:

> **Vergessen Sie nicht, dass der andere Sie und dass Sie den anderen brauchen, um das eigentliche Problem anzugehen.**

Es nutzt Ihnen gar nichts, wenn Sie dem Handwerker deutlich zu verstehen geben, dass er viel zu spät seinen Dienst bei Ihnen antritt, indem Sie Tacheles reden und klarmachen, dass es „so mit Ihnen nicht geht". Da macht der Mann natürlich erst einmal dicht – und das noch bevor er angefangen hat, Ihr Wohnzimmer zu streichen oder im Bad die Kacheln abzuklopfen. Sie glauben doch selbst nicht, dass er das dann aus Furcht vor Ihnen besonders gut machen wird, oder?

Natürlich sollen Sie nicht hinnehmen, dass man Sie hintergeht, dass man Sie nicht ernst nimmt oder glaubt, man könne Sie ausnutzen, aber machen Sie sich bewusst, dass gelebter Klartext nicht nur den anderen betrifft.

Auf Augenhöhe bleiben

Es gibt Unternehmen, in denen ein rauer Umgangston Programm ist. Ähnliches lässt sich zwar auch in vielen anderen Lebensbereichen beobachten, doch gerade in Unternehmen, in denen die Hierarchie oft deutlich vorgegeben ist, kann dieses Problem besonders auffällig und damit besonders schlimm werden.

Schon oben habe ich es angedeutet: Es gibt viele Chefs,

die Untergebene gern als „Spinner" bezeichnen oder deren Kompetenz mit Phrasen wie „Das ist Quatsch!", „Seien Sie nicht so oberflächlich" oder „Konzentrieren Sie sich doch zur Abwechslung mal" infrage stellen. Zur Klärung von irgendetwas trägt das nicht bei, sondern es führt eher zum Gegenteil: „Wenn der Chef glaubt, dass ich mich nicht konzentriere, dann muss ich das ja auch nicht mehr machen", mag sich ein Mitarbeiter dann beispielsweise denken. „Soll er sehen, was er davon hat." So ist die Lage dann schlussendlich noch verzwickter und noch verfahrener, als sie es vorher war.

Gerade Chefs sollten deshalb andere Wege finden, um mit ihrem Ärger umzugehen – schließlich kann man ein Problem auch ansprechen, ohne beleidigend zu werden. Ein Gespräch auf Augenhöhe ist meist der erste Schritt zu einer echten Lösung.

Reden Sie Klartext – nicht Tacheles! Sprechen Sie also Probleme an, aber werden Sie dabei nicht beleidigend. Sie mögen noch so sehr recht haben, Sie werden den anderen höchstwahrscheinlich brauchen, um das Problem nachhaltig zu lösen.

30

2.3 Nicht abwarten, bis die Krise da ist

Das Phänomen kennen Sie alle: Betriebsblindheit. Als Unternehmensberater begegnet sie mir hauptsächlich in Unternehmen, aber sie kann auch in anderen Lebensbereichen auftreten. Betriebsblindheit heißt: Man sieht das Problem einfach nicht. Es ist da, man ist sich sogar häufig (aber nicht immer) bewusst, dass es existiert, aber tut dennoch einfach so, als sei es nicht da – man schaut einfach nicht hin. Manchmal wird es einfach verschwiegen, aus Furcht vor den Folgen.

In jedem Fall ist es jedoch sinnvoll, ja manchmal sogar notwendig, das Problem anzusprechen, um zukünftige Verwirrungen oder gar eine Eskalation zu vermeiden. Aber wo anfangen? Meist geht der Prozess ja schleichend vor sich. Am Anfang ist man noch der Ansicht, dass es schon gut gehen wird, ohne dass man eine Diskussion vom Zaun brechen müsste. Doch oft rächt sich das später. Man sagt nichts, und das Problem lauert unter der Oberfläche. Alles ist – scheinbar – in Ordnung, nichts muss geändert werden, was denn auch?

Eines Tages kommt es dann jedoch knüppeldick. Dann sitzt man so richtig in der Tinte – und das nur deshalb, weil man vorher den Mund nicht aufbekam! Dabei wäre alles so einfach: Man sollte nicht abwarten, bis die Krise da ist.

Sagen Sie direkt, wenn Sie etwas stört

Betriebsblindheit ist eine der großen Gefahren, die in Unternehmen und in Beziehungen auftreten können. Man wird blind gegenüber dem eigentlichen Problem, das man doch im Grunde lösen will.

Ich denke, Probleme dieser Art kennt jeder: Der Abfluss

im Bad funktioniert nicht richtig. Das ist noch kein großes Problem, es ist nur ein wenig lästig. Den Vermieter möchte man deswegen bestimmt nicht anrufen. Wozu auch, nur weil nach dem Bad das Wasser drei Minuten länger in der Wanne steht als noch letzten Monat?

Aber es wird schlimmer. Und schlimmer. Bis eines Tages gar nichts mehr geht – das Wasser läuft gar nicht mehr ab. Baden und duschen kann man so nicht, und der Witz ist: Geschirr spülen kann man plötzlich auch nicht mehr! Denn man hat beim Verzögern des Problems ganz übersehen, dass beide Abflüsse, der in der Küche und der im Bad, erst in ein gemeinsames Rohr und dann ins eigentliche Fallrohr führen.

Jetzt ist natürlich der Ärger da. Man kann unter Umständen tagelang den Vermieter nicht erreichen, dann dauert es noch eine Weile, bis der Handwerker vorbeikommen und die – langwierige – Reparatur durchführen kann. Teuer wird das Ganze ebenfalls, denn nur das Rohr in der Wohnung auszuputzen reicht nun nicht mehr. Tja, hätte man doch gleich den Mund aufgemacht.

Klartext – auch wenn's schwerfällt

Ähnliches erlebe ich auch in Unternehmen häufig. Dort wird die Krise gar nicht gesehen. Zu viele Leute, zu viele Abteilungen sind in Produktions- oder Verwaltungsabläufe eingebunden und verkomplizieren die Sachverhalte – aber auch den Klartext. Ich bin mir dann oft nicht sicher, ob und vor allen Dingen wo das Bewusstsein für das Problem fehlt, ob man vielleicht einfach nur auf jeder Ebene hofft, dass es schon verschwindet, wenn man es nicht anspricht.

Natürlich gebe ich in solchen Situationen meinem Kunden die Gelegenheit, auszusprechen, worin denn eigentlich die Krise besteht – oder das, was er dafür hält. Aber oft ist das in einem Unternehmen gar nicht so einfach.

Ich bin sicher, Sie kennen das auch aus dem privaten Bereich: Sie sehen, dass ein Freund in seiner Ehe unglücklich ist. Aber wenn Sie ihn darauf ansprechen, dann behauptet er, es sei alles in Ordnung – und wenn Sie Pech haben, werden Sie noch dafür angemacht, dass Sie es überhaupt wagen, ein Problem zu konstruieren. Dass etwas nicht in Ordnung ist, nicht mehr rundläuft oder verbessert werden könnte, liegt auf der Hand, aber was es ist, wird nicht ausgesprochen.

Klartext kann auch von außen kommen

In Unternehmen mache ich in einem solchen Fall oft eine Klartext-Tour. Diese beinhaltet Interviews mit Leuten, die etwas vom Thema verstehen könnten und die sich sozusagen auf neutralerem Gebiet befinden. Das können Kunden sein oder Mitarbeiter. Diese Leute haben etwas zum Thema beizutragen: einen eigenen Eindruck, eine Meinung. Sie können das Problem vielleicht nicht lösen, aber möglicherweise ein Schlaglicht auf die eigene Lage werfen und so bei der Bewusstwerdung helfen.

Hilfreich ist das besonders dann, wenn durchaus schon klar ist, dass ein Problem besteht, ja, dass man vielleicht sogar mitten in einer Krise steckt, aber nicht genau weiß, was eigentlich los ist.

Mit den neuen Ansätzen, die man auf der Klartext-Tour gesammelt hat, kann man sich dann zurückziehen und überlegen, wie der eigene Standpunkt nun aussehen könnte. Das ist nicht immer einfach. Denn bei so einer Klartext-Tour kommen Dinge ans Licht, die man unter Umständen nicht für möglich gehalten hätte – und von denen man schon lange hätte wissen sollen.

Und doch: Eine solche Tour ist gerade durch die Meinung vermeintlich neutraler Personen oft viel wirkungsvoller als die alleinige Befragung der eigentlich Betroffenen, womöglich noch mit dem Argument, dass andere Leute das Problem nichts anginge.

Die richtigen Fragen stellen

Um Klartext auch effektiv anwenden zu können, also um wirklich etwas zu verändern, um es zu verbessern, muss man die richtigen Fragen stellen. Und zwar gleich von vornherein. Niemand hat es gern, wenn man umsonst diskutiert, sich die Köpfe heißredet und hinterher feststellt, dass man das Problem nicht mal angesprochen hat. Da wird beispielsweise in Meetings über die neue Produktanzeige diskutiert, man redet und redet, einig ist man sich nur über eines: Die Anzeige gefällt nicht. Das kann nun verschiedene Ursachen haben, der eine mag den Slogan nicht, dem Nächsten missfällt die Farbwahl des Grafikers, dem Dritten ist das Produkt nicht zentral genug platziert.

Dabei ist die wichtigste Frage, der sich alle bewusst sein sollten, doch die: Welchem Zweck soll die Anzeige denn überhaupt dienen? Denn die Gestaltung dient einem Zweck, zu dem sich der Experte – der Grafiker nämlich – sicher Gedanken gemacht hat: Muss der Verkauf angekurbelt werden? Sollte man dafür überhaupt eine Anzeige schalten und wenn ja, wo? Denn ob sie im Provinz- oder Fachblatt, im *Spiegel* oder in der *brand eins* stehen soll, könnte letztendlich auch Einfluss auf die Gestaltung der Anzeige haben.

Sie sehen, es ist durchaus wichtig, sich Gedanken darüber zu machen, wann man am besten Klartext redet. Hier gilt tatsächlich: so früh wie möglich – noch bevor jemand aggressiv wird und nur Tacheles redet.

Testen Sie sich!	
Haben Sie die Grundlagen von Klartext verstanden? Die folgenden Punkte helfen Ihnen, echten Klartext von falschem zu unterscheiden.	
Stimmen Sie zu?	✓
Bei plötzlichen Problemen raste ich schon mal aus, dann kann die Diskussion ziemlich laut werden.	
Ich rede gern vor Gruppen, aber ich werde dabei nicht gern unterbrochen. Das stört mich in meiner Konzentration.	
Ich formuliere meine Aussagen oft so, dass andere provoziert werden, da es sonst nicht vorangeht.	
Wirklich ehrlich bin ich nur, wenn ich alles rauslasse, was ich gerade denke.	

Wenn mir jemand eine fachliche Frage stellt, dann bemühe ich mich, ihm erst einmal die großen Zusammenhänge zu erklären.
Bei schweren Problemen oder in einer Krise verschärfe ich meinen Ton und rede Tacheles mit den Beteiligten.
Je mehr dieser Aussagen auf Sie zutreffen, desto wahrscheinlicher ist es, dass das, was Sie bisher für Klartext gehalten haben, gar keiner ist.

Um wirklich bewusst Klartext reden zu können, sollten Sie Folgendes beachten:

- *Formulieren Sie Ihren Klartext lösungsorientiert und sachlich. Die Lösung interessiert, nicht die Geschichte dahinter. Geben Sie zu, wenn Sie etwas nicht wissen!*
- *Verwechseln Sie klare Worte nicht mit Beschimpfungen! Tacheles ist kein Klartext, sondern verhindert ihn schlimmstenfalls. Meist geht es dabei nur darum, von oben nach unten auszuteilen. Behandeln Sie Ihr Gegenüber auf Augenhöhe!*
- *Sprechen Sie Probleme früh genug an – am besten, noch bevor es zur Krise kommt.*

30 MINUTEN

3. Jederzeit Klartext reden

Im alltäglichen Leben ist es gar nicht so einfach, Klartext zu reden – zumindest auf den ersten Blick. Nachdem einige Hürden überwunden sind, scheint Klartext zu etwas ganz Selbstverständlichem zu werden, und man fragt sich unwillkürlich: Warum hat man das nicht gleich von Anfang an so gemacht? Dinge, die zuvor Schwierigkeiten bereitet haben, klappen plötzlich wie am Schnürchen. Man muss nur damit anfangen, Probleme beim Namen zu nennen, dann entstehen plötzlich viel weniger dieser verworrenen Situationen, die man am liebsten mit einem Knall – sprich mit deutlichen, klaren Worten – auflösen möchte.

Doch dazu muss man überhaupt erst einmal mit dem Klartext anfangen. Klartext muss selbstverständlich werden – zugegeben, das ist nicht ganz so einfach. Aber es ist machbar.

3.1 Bedürfnisse mitteilen

Warum ist Klartext so schwierig? Wenn man sich vor Augen hält, wie einfach das Leben sein kann, wenn immer klar ausgesprochen wird, was Sache ist, dann fragt man sich, warum das nicht immer alle tun.

Manchmal ist die Umstellung das Problem. Die meisten sprechen nämlich erst dann Klartext, wenn die Krise da ist. Erst wenn es schlecht läuft, macht man sich Gedanken um Dinge, die man schon viel früher hätte ansprechen sollen.

Läuft es beispielsweise in einer Beziehung nicht gut, spricht oft keiner der beiden Partner an, was er für das Problem hält. Und so machen beide weiter wie bisher. Bis die Krise da ist. Dann natürlich liegt für beide auf der Hand, was Sache ist: „Du hast zu viel herumgemeckert." „Du bist zu unordentlich!" ...

Oft sind solche Bedürfnisse, etwa eine gewisse Ordnung im Haushalt, und deren Gewichtung vorher einfach nicht ausgesprochen worden. Es wurde vertagt, man wollte nicht der Spielverderber sein. Vielleicht war man am Anfang auch zu verliebt, um diese Probleme festzustellen. Ich will jetzt nicht wie der freundliche Onkel aus der Ratgeber-Kolumne der Klatschzeitschrift wirken, aber in solchen Fällen muss man gegensteuern, und zwar gleich von Anfang an, nicht erst, wenn das Kind in den Brunnen gefallen ist und man dem anderen am liebsten den Hals umdrehen würde, bloß weil er die Socken ständig irgendwo liegen lässt.

Denken Sie voraus!

In Unternehmen ist das nicht anders. Statt auf großen Betriebsversammlungen immer weiter die Motivation der Mitarbeiter zu befeuern, wäre es in vielen Fällen eher angebracht, mal nach vorn zu schauen und zu überlegen, was sich ändern kann – und vielleicht ändern muss.

Ein Boom, eine Verliebtheit, eine Mode sind nur etwas Vorübergehendes. Es wäre also dumm, sich immer auf den Ist-Zustand zu verlassen. Nur weil etwas heute klappt, heißt das nicht, dass es morgen noch genauso funktionieren muss.

Es gilt also, sich von vornherein über das eigene Ziel Gedanken zu machen. Oder reicht es einem etwa, dass eine Firma nur drei Jahre lang gut läuft und dann, von der Änderung der Marktlage überrascht, pleitegeht? Ein Betrieb, der Solaranlagen herstellt und montiert, sollte sich beispielsweise von vornherein Gedanken darüber machen, was geschieht, wenn Solaranlagen in privaten Haushalten eines Tages nicht mehr vom Staat subventioniert werden. Dann nämlich könnte die Nachfrage massiv einbrechen – und es wäre gut, wenn dann ein Plan B in der Schublade läge.

Um solche Stolperfallen zu vermeiden, muss aber von vornherein Klartext geredet werden, nicht erst dann, wenn die Krise da ist. Dazu muss man sich erst einmal darüber klar werden, was man eigentlich will. Einfach ist das also nicht.

Machen Sie sich Ihre Ziele klar!

Wenn in einer Firma weniger Umsatz gemacht wird, dann sind die Chefs oft schnell dabei, den Mitarbeitern die Schuld dafür in die Schuhe zu schieben. Die sind einfach nicht genug motiviert, jawohl!

Aber oft ist das gar nicht das eigentliche Problem. Das liegt ganz woanders, nämlich darin, dass gar nicht vernünftig in die Zukunft geplant wird. Die Mitarbeiter können also nicht motiviert sein – denn sie haben ja keine Ahnung, wohin das alles führen soll.

Das Ergebnis, die fehlende Motivation, ist in so einem Fall nur ein Symptom. Um die „Krankheit" auszumerzen, muss man sich innerhalb des Unternehmens über das Ziel klar werden. Sollen tatsächlich die Mitarbeiter in einem teuren Seminar motiviert werden? Oder will man einfach nur mehr Umsatz generieren – also mehr Geld erwirtschaften, mehr Erfolg haben? Dann muss man sich vielleicht auch um Hierarchiestrukturen oder veraltete Produktionsabläufe Gedanken machen.

Ein Beispiel aus dem Privatleben: Wer mit dem vage formulierten Wunsch loszieht, „einen neuen Mantel" zu kaufen, läuft Gefahr, mit einem Stück nach Hause zu gehen, das er vielleicht gar nicht braucht. Hier ist es ratsam, sich stattdessen schon vorher genauer mit den eigenen Vorstellungen und Zielen zu befassen. Dazu muss man Klartext mit sich selbst sprechen: „Was will ich eigentlich?"

Vielleicht ist das Problem gar nicht der (fehlende) Geschmack der Verkäuferin in der Boutique – möglicherweise hat die Kundin ihr nur nicht gesagt, dass der gesuchte Mantel nicht für den Opernabend gedacht ist, sondern zum schlichten Businesskostüm passen soll. Woher soll die Verkäuferin das wissen, wenn die Kundin nur sagt: „Ich brauche einen schicken Mantel"? Schick ist relativ.

Reden Sie rechtzeitig Klartext!

Das Beispiel mit dem Fehlkauf beweist es: Man sollte nicht nur an sich selbst denken, wenn man anspricht, was einem fehlt oder was man gern hätte. Der andere braucht klare Ansagen, wenn er seine Handlungsweise anpassen oder etwas ändern soll.

Das besten Beispiele hierfür finden sich tatsächlich in Büros: Wenn man Mitarbeiter spontan fragt, was sie vom Unternehmen, der Marke und der Arbeit halten, kommen manchmal Sachen ans Licht, über die man nur staunen kann. Der Clou: Die Vorgesetzten müssten das eigentlich dringend wissen! Da dämmern Vorschläge in Schubladen vor sich hin, die den ganzen Laden umkrempeln könnten, und zwar mit einfachsten Mitteln und zum Wohle der Kollegen und nicht zuletzt des Umsatzes. Meist sind die Chefs ganz verblüfft, was in solchen Umfragen zutage tritt.

Sagen Sie klipp und klar, was Sie wollen. Artikulieren Sie Ihre Wünsche! Die anderen können Ihre Gedanken nicht lesen. Wenn sich etwas ändern soll, sollten Sie Ihre Bedürfnisse klar äußern.

3.2 Seien Sie ein Vorbild!

Ich kenne einige Leute, die müssen über Klartext gar nicht nachdenken. Ja, die finden es sogar blödsinnig, darüber zu reden. Das sind in der Regel die, für die Klartext schon zur Routine geworden ist.

Ziel ist also, dass Klartext Alltag wird – und da können Sie natürlich nur bei sich selbst anfangen. Wenn Sie damit anfangen, immer klar und deutlich zu sagen, was Sache ist, können andere sich danach richten und werden sich wahrscheinlich auch nicht mehr fürchten, selbst Klartext zu reden.

In privaten Beziehungen ist das entschieden einfacher als im Geschäftsleben. Mit einem Freund oder einer Freundin auszumachen, dass man sich demnächst deutlicher sagt, was einen am anderen stört, fällt leichter und ist auch leichter umzusetzen. Es reicht, wenn man selbst einen Standpunkt hat und diesen mit ein paar freundlichen, zumindest höflichen Worten vertritt. Ein guter Freund wird einem nicht übel nehmen, dass man ihn bittet, demnächst doch etwas pünktlicher zum Essen zu kommen. Schließlich weiß er, wie viel Mühe man selbst in die Vorbereitung des Essens gesteckt hat.

Klartext ist ansteckend

In Unternehmen ist es dagegen nicht so einfach, Probleme anzusprechen. Dort sind Hierarchien ausgeprägter und es wird schwieriger, mit gutem Beispiel voranzugehen. Aber auch hier kann es schon einiges bewirken, wenn man selbst im Kleinen anfängt und hier und da Klartext spricht.

Denn eine Gesprächskultur, in der das Gesagte Sinn ergibt und auch Sinn stiftet – Sie erinnern sich? Klartext soll ja lösungsorientiert sein! –, macht letztendlich allen mehr Spaß. Und nicht nur das, sie ist in der Regel auch erfolgreicher. Wenn das im Großen zunächst nicht möglich ist, etwa wegen der Menge der Leute oder auch wegen der ausgeprägten Hierarchiestrukturen, kann man es immerhin schon im Kleinen versuchen, beispielsweise wenn es ums Kaffeekochen in der Teamküche geht. In der eigenen Abteilung kann man dann vielleicht eine Änderung hervorrufen, die sich später auch auf andere Bereiche und auch auf das größere Ganze auswirken kann.

Eine Frage der Gewohnheit

Ohnehin sollte man nicht von vornherein davon ausgehen, dass der reine Beschluss „Ab morgen wird hier Klartext geredet!" einfach so funktionieren wird. Sicher wird es immer jemanden geben, der sich auf den Schlips getreten fühlt, wenn deutliche Ansagen gemacht werden. Das bleibt nicht aus, denn Klartext soll ja einen fundierten Standpunkt vermitteln. Das führt eben dazu, dass auch der andere Position beziehen kann. Sie erinnern sich an meine Meinung zur *Bild*-Zeitung? Man muss dem, was dieses Blatt sagt, nicht zustimmen, aber die Schlagzeilen sind so formuliert, dass man sich daran reiben, darüber diskutieren kann.

Wenn es um Klartext geht, ist der Anfang am schwersten. Ist man Klartext nicht gewohnt, ist es oft erst einmal schwierig, ihn nicht persönlich zu nehmen. Das ist eine wichtige Hürde auf dem Weg zu einer neuen Kultur im Umgang miteinander, aber auch hier stehen Ihnen Möglichkeiten offen.

> **Tipp!**
> Üben Sie Klartext erst einmal im privaten Bereich. Wenn Sie dabei die Effekte erleben, die entstehen, wenn man sich freier äußert als zuvor, dann wollen Sie vielleicht gar nicht mehr auf Klartext verzichten.

Niemals von oben herab

Einen wichtigen Punkt habe ich schon angesprochen: Tacheles ist nicht Klartext, denn Tacheles ist kein Austausch auf Augenhöhe. Das gilt es zu beachten.

Von oben herab auf den anderen einzureden ist in jeder Beziehung schlecht. Jeder weiß, wie es sich anfühlt, wenn man von oben herab angeschimpft wird. Dann wird zwar – möglicherweise, denn auch das ist nicht immer der Fall – Tacheles geredet, von deutlichen Worten kann man also durchaus sprechen, aber Klartext – also etwas, das die Lage „klärt" – ist das noch lange nicht. Sich das klarzumachen, hilft oft schon dabei, Klartext im richtigen Tonfall rüberzubringen. Vermitteln Sie Ihren Standpunkt auf Augenhöhe. Starke Worte von oben nach unten sind nicht hilfreich, sondern verschleiern eigentlich sogar das Problem, und zwar deshalb, weil die Augenhöhe fehlt, die notwendig wäre, um das Problem gemeinsam aus der Welt zu schaffen – oder es gar nicht erst entstehen zu lassen. Spricht einer von oben nach unten, entstehen nur Monologe, die unter Umständen gar nichts mit dem Thema zu tun haben, um das es gerade geht.

Und noch einen Fehler sollten Sie vermeiden: einfach nur Dampf abzulassen. Damit ziehen Sie den Konflikt ins Emotionale, und das kann keiner brauchen.

Klartext braucht Ermutigung

Um Klartext tatsächlich zu leben, ist es also nicht nur notwendig, dass Sie selbst die feste Absicht, ein Ziel und einen Standpunkt haben, sondern Sie müssen auch Ihr Umfeld vom Klartext überzeugen. Oft führt schon die Tatsache, dass man selbst offener mit seiner Meinung und seinen Wünschen umgeht, dazu, dass auch die Umgebung reagiert – und diese Reaktion ist keineswegs immer negativ. Seien Sie nicht allzu überrascht, wenn Ihr Gegenüber sich an Ihnen ein Beispiel nimmt.

Anstatt sich nach den ersten Klartext-Versuchen wieder ins eigene Schneckenhaus zurückzuziehen, sobald Ihr Umfeld ebenfalls Klartext redet, sollten Sie die anderen ermutigen, so weiterzumachen. Das gilt natürlich umso mehr, wenn Sie der Chef sind und sich in Ihrem Betrieb mehr Klartext wünschen. Es gibt viele Vorgesetzte, die erst einmal kräftig schlucken müssen, wenn ihnen Mitarbeiter unverblümt mitteilen, was ihrer Ansicht nach im Betrieb schiefläuft.

30 *Seien Sie ein Vorbild. Leben Sie für sich Klartext, aber bleiben Sie dabei aufmerksam gegenüber Ihren Mitmenschen und deren Befindlichkeiten. Es nutzt niemandem, wenn Sie Ihren Standpunkt einfach so in die Welt hinausposaunen, aber niemand etwas damit anzufangen weiß – oder andere sich zurechtgewiesen fühlen.*

3.3 Entscheidungen treffen

Um wirklich Klartext sprechen zu können, muss man auf den Punkt kommen. Man muss das Problem erkennen und sich für eine Richtung entscheiden. Meist sind Dinge nicht einfach schwarz oder weiß, sondern sie bilden ein Knäuel aus verschiedenen Aspekten, die wichtig oder weniger wichtig sind – und die jeweils ein Entweder-oder, einen Entschluss über ein weiteres Vorgehen verlangen.

Bevor es möglich ist, Klartext zu sprechen, muss in der Regel also erst einmal Klarheit geschaffen werden. Das heißt, es geht darum, dem Problem auf den Grund zu gehen. Oft kann das schon dadurch erreicht werden, dass man den Weg von der meist noch unreflektierten Meinung zum wohlüberlegten Standpunkt bewusst geht. Statt also gleich aktiv ins Geschehen einzusteigen und darauf zu reagieren, ist es erst einmal wichtig, sich zu informieren:

- Was führte zu dem Problem?

- Welche Faktoren haben dazu beigetragen, dass es so groß werden konnte?
- Wie kann man es lösen?

Des Pudels Kern

Sich das Problem von jemandem schildern zu lassen, ist schon mal ein Anfang. Gezielte Fragen und die Antworten darauf bringen bei der Suche nach dem eigenen Standpunkt auf jeden Fall weiter.

Im ersten Augenblick mag es jedoch verführerisch sein, sein – vermeintliches – Wissen auszubreiten, um sich selbst gut darzustellen. Wenn man zu einem Problem viel zu sagen hat, dann kann man manche Leute damit in die Irre führen.

Mit solchen Monologen lenkt man vom eigentlichen Punkt ab: Da fragt die Freundin, warum man immer so spät von der Arbeit kommt – gibt es so viel zu tun? Statt zu sagen: „Schatz, der Chef und die Kollegen haben drei Mal die Woche Strategiesitzung zum Projekt, daran will ich teilnehmen", wird lang und breit darauf verwiesen, dass die Freundin die letzten vier Mal zum Bowling zu spät kam. Dabei ist das gar nicht der Punkt bei diesem Streit! Hier geht's eben darum, warum man selbst zu spät nach Hause kommt. Alles andere ist ein anderes Thema. Doch statt beim Thema zu bleiben, gibt ein Wort das andere – und kaum 20 Minuten später weiß keiner mehr, wer eigentlich mit dem Streit angefangen hat und aus welchem Grund.

Themen entwirren

So unangenehm das manchmal sein mag – eine ruhige Antwort auf die Frage „Warum bist du denn schon wieder zu spät?" hilft weiter. Wenn es einen selbst wiederum stört, dass die Freundin bei anderen Gelegenheiten zu spät kommt, kann man das ansprechen – aber erst, wenn das ursprüngliche Thema geklärt ist. Das Problem zu erkennen, ist also der erste Schritt in die richtige Richtung.

Bei großen Themenkomplexen gilt es, sie zunächst einmal aufzuteilen. Das lässt sich gut am Beispiel der Vorbereitung einer Party veranschaulichen: Ich denke, eine Party hat jeder schon mal veranstaltet. Manchmal plant man sie mit Freunden zusammen, so wird's größer und lustiger, mehr Leute kommen. Aber: Wer plant was? Wer macht die Salate, wer bedient den Grill, wer räumt die alte Scheune leer, in der man feiern will?

Wird über diese Fragen nicht mit allen Beteiligten gesprochen, droht das totale Chaos. Vermeiden lässt sich die Katastrophe nur, wenn man von vornherein eine Liste macht, in der aufgeführt ist, was gebraucht wird, wo das Fest steigen soll und wer was wann zu tun hat. Andernfalls wird der ganze Cluster an Dingen, die zu erledigen sind, wahrscheinlich selbst dem begabtesten Party-Planer zu viel werden. Der Kartoffelsalat mag noch so lecker sein – fürs Büfett wäre es besser gewesen, nicht drei Schüsseln davon zu haben, sondern nur eine, und dafür noch einen Nudel- und einen Thunfischsalat.

Verwirrungstaktik führt zu Chaos

Eine solche Party-Planung wird jedoch besonders schwierig, wenn man dabei an Leute gerät, die sich selbst sehr wichtig nehmen und lieber ein Problem verschleiern, statt es zu lösen.

Ich denke, jeder kennt solche Typen. Sie sagen in der Besprechung viel zu, übernehmen großzügig auch die unbeliebtesten Aufgaben und tun so, als könnte sie nichts erschüttern. Und dann tauchen sie ab, verschwinden auf Nimmerwiedersehen. Sie erscheinen erst wieder, wenn andere die Aufgaben schon erledigt haben. Manchmal setzen diese Angeber-Typen dann sogar noch einen drauf und präsentieren gar keine Ausrede, sondern tun so, als sei gar nichts gewesen.

Solche Leute machen die Dinge komplexer, als sie eigentlich sind. Das führt weg von Klarheit, von Ordnung. Dorthin kommt man dann erst wieder, indem man die Komplexität der Aufgaben, die durch solche Menschen manchmal überproportional gesteigert wird, wieder reduziert.

Auch das ist Klartext: einen Beschluss fassen, der eine Entwirrung des Knäuels zur Folge hat.

Handlung vorgeben

Manchmal kann Klartext auch bedeuten, die Führung zu übernehmen. Die meisten Probleme sind komplex und vielschichtig, nur selten ist ein Problem mit ein paar Sätzen gelöst.

Der erste Schritt, die Komplexität aufzulösen, das Knäuel zu entwirren, besteht darin, sich selbst zu einem überlegten Standpunkt durchzuringen. Schon das kann helfen, sich selbst Klarheit und einen Überblick über die Situation zu verschaffen.

Der nächste Schritt besteht dann oft darin, das Problem zu benennen. Vorsicht – das bedeutet nicht, es zu erklären! Das sind zwei verschiedene Dinge. Sie erinnern sich sicher an den Steuerberater, der meinem Bekannten erst einmal so lange das Problem – und sämtliche Hintergründe – erklärte, bis dieser überhaupt nicht mehr verstand, was denn nun eigentlich Sache war.

Dabei ging es ihm um etwas ganz anderes: Es ging in diesem Beispiel darum, aus der Sackgasse herauszukommen. Zu erklären, wie man hineingeraten ist, hilft nicht weiter. Es gilt, das Problem anhand der fundierten Überlegungen und der Informationen, die man vielleicht durch Fragen oder durch eigene Recherche bekommt, neu zu beleuchten und dann eine Richtung festzulegen, ein Vorgehen, wie es zu lösen ist. Schritt für Schritt. Eine Entscheidung nach der anderen.

Handeln ist gefragt

Dass Sie sich informiert haben und nun statt einer vagen Meinung einen reflektierten Standpunkt zur Sache haben, gibt Ihnen – je nach Sachlage – einen Vorsprung. Sie wissen Dinge, die die anderen offenbar nicht wissen. Jetzt sind Sie dran:

Oft wird, sobald man die Aufgabenstellung definiert hat, doch wieder nur um den heißen Brei herumgeredet, weil niemand eine Entscheidung treffen will. Nebulöse Absichtserklärungen, manchmal auch Schuldzuweisungen oder Umschreibungen des Problems, weil sich niemand so recht traut, auf des Pudels Kern zu kommen, sind oft die Folge. Dem Klartext, der Klarheit in den Worten, müssen auch Taten folgen. Sonst sind alle Bemühungen umsonst und keiner hat mehr den Durchblick.

Es kann gut sein, dass Sie dann derjenige sind, der die Richtung vorgeben muss. Also Vorsicht: Sie können nicht einfach so in den Raum werfen, wer wann wie was zu tun hat. Den anderen zuzuhören ist bei solchen Entscheidungen das oberste Gebot – Tacheles reden ist nicht sinnvoll.

Testen Sie sich!

Können Sie Klartext schon so umsetzen, als ob es für Sie selbstverständlich wäre? Dann sind Sie schon sehr weit. Sie wissen es noch nicht genau? Anhand dieser Fragen können Sie sehen, wie weit Sie schon sind.

Stimmen Sie zu?	✓
Ich achte darauf, dass meine Fachkompetenz nie infrage gestellt werden kann. Das würde meinem Ruf schaden.	
Ich mache auch einen langweiligen Job und arbeite mit Leuten, die ich nicht leiden kann, solange die Bezahlung für mich stimmt.	
Wenn mir Probleme in einem Arbeitsbereich auffallen, für den ich nicht zuständig bin, dann halte ich mich lieber raus.	
Einen Handwerker, Maler oder Architekten lasse ich am liebsten einfach machen, denn das sind ja die Experten.	
Im Berufsleben will ich mich für bestimmte Aufgaben unentbehrlich machen, damit keiner an mir vorbeikommt.	
Einigen Leuten muss ich Sachen zwei- oder dreimal erklären, bevor sie es kapieren, da kann man nichts machen.	

Je weniger dieser Aussagen Sie zustimmen, desto näher sind Sie dran, Klartext als Lebenseinstellung zu begreifen.

Klartext ist gut in jeder Lebenslage. Aber einige Grundregeln sind dabei zu beachten:

30

- *Werden Sie sich über Ihre Bedürfnisse klar. Was wollen Sie erreichen? Was soll sich ändern? Sprechen Sie aus, was Sie stört, machen Sie Lösungsvorschläge.*

- *Seien Sie ein Vorbild! Gehen Sie mit gutem Beispiel voran, indem Sie klar und deutlich sagen, was Sie über die Situation denken. Aber: Nehmen Sie auch an, wenn andere mit Ihnen Klartext reden. Positives Feedback kann Wunder wirken und macht die Kommunikation leichter.*

- *Legen Sie eine Vorgehensweise fest, entscheiden Sie sich für eine Lösung und vertreten Sie diese Entscheidung! Es ist zwar sehr gut, die Situation zu analysieren, um sie wirklich zu verstehen, aber anschließend muss gehandelt werden.*

30 MINUTEN

4. Klartext als Lebenseinstellung

Als man mich bat, mein erstes Buch über Klartext zu schreiben, sprach ich zunächst mit diversen Leuten – meist Geschäftsleuten – über das Projekt. Recherche nennt man das, immerhin wollte ich wissen, ob das Thema ein sinnvolles ist, ob es ankommt, ob es sich überhaupt lohnt, darüber zu schreiben, und so weiter.

Ich sprach dabei auch mit Jochen Schweizer, dem Chef der Kajak Sports Productions. Er fragte er mich, ob ich wirklich glaube, ein Buch über Klartext könne Erfolg haben. Als ich das bejahte, schüttelte er nur ungläubig den Kopf.

Das war so eine Art Schlüsselerlebnis: Leute wie Jochen Schweizer brauchen kein Buch über Klartext. Sie reden nämlich Klartext – und können deshalb nur schwer nachvollziehen, dass in diesem Bereich Gesprächsbedarf herrschen könnte. Jochen Schweizer drückt sich klar aus, sein Wort gilt, da gibt's keine Zweifel. Wenn Sie ihn bitten würden, mal Butter bei die Fische zu geben, dann wäre das so, als bäten Sie die Sonne, im Westen unterzugehen. Was sollte sie sonst tun? Es ist einfach selbstverständlich.

4.1 Klartext als Strategie

Vertrauen ist alles. Wer wünscht sich nicht, dass man ihm vertraut? Dass man seine Kompetenz nicht anzweifelt, dass jeder weiß, dass man zu seinem Wort steht? Umgekehrt ist es nicht anders: Man will sich auf das verlassen können, was einem angeboten oder versprochen wird.

Verbindlichkeit ist das Zauberwort in diesem Zusammenhang. Damit meine ich eben nicht das, was viele anstelle von Verbindlichkeit bieten, nämlich Aussagen wie: „Danke, ich werde darüber nachdenken!", die eigentlich genau das Gegenteil meinen: „Danke, ich bin nicht interessiert", oder: „Das ist mir zu teuer."

Verbindlichkeit bedeutet, dass man sich auf eine Aussage verlassen kann. Ein Beispiel wäre der Satz: „Ich komme morgen um neun." Es ist dann nicht nur höflich, auch wirklich um neun Uhr zum vereinbarten Treffen aufzuschlagen, sondern es ist auch ein Zeichen von Verbindlichkeit. In so einem Fall pünktlich zu sein, sagt aber noch mehr aus: Um eine solche verbindliche Zusage überhaupt machen zu können, muss man sich nämlich auch schon einen Plan gemacht haben.

Strategie bedeutet auch, zu planen

Wer Klartext strategisch einsetzen möchte, indem er verbindliche Aussagen macht, kommt daher nicht daran vorbei, gut im Voraus zu planen. Nehmen wir mal das Beispiel eines Umzugs: Ein Freund will in eine größere Wohnung ziehen und braucht Leute, die ihm beim Kistenschleppen, beim Möbelzusammenschrauben und beim Anschließen der Waschmaschine helfen. Er bittet Sie, ihm zu helfen, und selbstverständlich sagen Sie zu. Natürlich können Sie in diesem Moment noch nicht wissen, ob Ihnen nicht doch etwas dazwischenkommen wird – aber zur Verbindlichkeit gehört, dass Sie zumindest versuchen, das Versprechen zu halten. So ein Umzug will geplant werden. Höchstwahrscheinlich hat Ihr Freund sich genau überlegt, wen er um Hilfe bittet: nicht die Kollegin mit den Rückenbeschwerden, die kann ja nichts tragen, und auch den Bruder nicht, der zu dieser Zeit auf Geschäftsreise im Ausland ist.

Für Sie heißt das, dass er Sie fest eingeplant hat und dass es für ihn ziemlich ärgerlich wäre, wenn Ihnen auf den letzten Drücker einfällt, dass Sie am Tag darauf eine extrem wichtige Präsentation vor potenziellen Kunden halten müssen und deshalb leider doch nicht kommen können.

Insofern kann man bei Klartext also durchaus von einer Strategie sprechen. Besonders wichtig ist dieser Zusammenhang natürlich in Unternehmen, denn immerhin sind diese darauf angewiesen, flexibel reagieren zu können und immer ein wenig vorausschauend zu arbeiten, sonst ist so ein Betrieb schnell ruiniert. Aber auch im Privatleben mag niemand so recht mit Leuten zu tun haben, die ständig zu spät zum Essen kommen, ihre Schulden nie bezahlen oder eben bei Umzügen nicht helfen. Nur selten besitzen solche Leute ein so sonniges Naturell, dass man sie dennoch überall und immer schätzt. Die Wahrscheinlichkeit, dass sie bald nur noch unter ferner liefen laufen und nur dann eingeladen werden, wenn es ohnehin nichts ausmacht, ob nun einer mehr oder weniger erscheint, ist dagegen ziemlich groß.

Stehen Sie zu Ihren Aussagen

In Unternehmen ist das ähnlich: Stellen Sie sich vor, Sie sind freier Grafiker. Ein potenzieller Kunde fragt an, was denn die Gestaltung einer neuen Webseite für ihn kosten würde, wenn Sie das übernehmen – alles inklusive. Sie machen dem Interessenten ein Angebot und hören daraufhin erst einmal nichts mehr von ihm. Nach ein paar Wochen haken Sie nach: „Wie schaut's aus? Gefällt das Angebot? Muss nachgebessert werden?" „Nein", lautet die Antwort. „Wir sind zufrieden, müssen aber noch nachdenken." So geht das ein paar Mal, immer wieder rufen Sie an, melden sich, doch keiner ist bereit, eine Aussage zum Angebot zu machen. Erst ist der zuständige Projektleiter krank, dann der Vorgesetzte. Man braucht noch Zeit – bis es schließlich heißt: „Sorry, gerade haben wir kein Budget. Aber wir bleiben in Verbindung." Auf so eine Verbindung können Sie dann natürlich genauso gut verzichten!

Ein Plan erleichtert vieles

Wollen Sie Klartext zu einer Lebenseinstellung machen, dann sollten Sie also in der Tat eine Art Strategie darin sehen. Nur so können Sie einhalten, was Sie sagen. Tun Sie das nicht, dann können im schlimmsten Fall sogar Schäden entstehen. Natürlich muss es nicht immer so weit kommen. Der Freund, der einen Umzug plant, wird natürlich auch ohne Ihre Hilfe umziehen, doch es kann sein, dass er sauer ist, wenn Sie Ihr Wort nicht halten. Möglicherweise bittet er Sie beim nächsten Umzug nicht mehr, ihm zu helfen (das allein könnte sogar noch in Ihrem Sinne sein, immerhin müssten Sie dann in der Freizeit keine Kisten schleppen), aber es kann genauso gut sein, dass Sie nicht mehr zum Essen eingeladen werden und auch nicht mehr gefragt werden, ob Sie mit ins Kino gehen möchten. Das kann die ganze Freundschaft gefährden.

Im Geschäftsleben steht natürlich noch mehr auf dem Spiel. Hier geht es oft sogar um Existenzen, wenn man sich auf ein gegebenes Wort nicht verlassen kann.

Eine Strategie strukturiert das Leben. Das klingt jetzt vielleicht etwas abschreckend, doch so schlimm ist das gar nicht. Wenn Sie Erfolg haben wollen, dann müssen Sie natürlich darauf hinarbeiten, denn von allein wird sich der Erfolg nicht einstellen. Aus diesem Grund müssen Sie sich auch fragen, wie Sie dort hinkommen, wohin Sie möchten. Das hat Ähnlichkeiten zu dem, was Sie tun müssen, um sich zu einem Standpunkt durchzuringen: Sicher ist es manchmal einfacher, nur eine Meinung zu haben, doch hilft diese im Zweifelsfall nicht, Probleme tatsächlich zu lösen. Ärger an den falschen Stellen ist die Folge. Sie kennen sicher den Spruch: „Das kannste schon so machen, nur dann isses halt …" Sie können sich den Rest sicher denken: „… dann isses halt nicht so gut."

Ob das, was Sie sagen, Klartext ist oder nicht, hängt davon ab, ob Sie verbindlich rüberkommen. Sorgen Sie dafür, dass man sich auf Ihre Aussagen verlassen kann – sagen Sie verbindlich zu und stellen Sie durch vorausschauendes Planen sicher, dass man auf Ihr Wort bauen kann.

4.2 Klartext in jeder Situation

Wenn Sie Klartext erst einmal zu Ihrer Lebenseinstellung, zu Ihrer Strategie gemacht haben, dann werden Sie in den meisten Situationen feststellen können, dass Sie damit weiterkommen – gleichgültig, was gerade bei Ihnen ansteht.

Fangen Sie zunächst im Kleinen damit in. In Unternehmen bedeutet das: im Tagesgeschäft. Im Privatleben ist es wichtig, dass die kleinen Ärgernisse verschwinden. Dazu ein Beispiel aus dem täglichen Leben: Die Spedition hat den beim Online-Versandhandel bestellten neuen Herd nicht wie gewünscht mit Schiebetür und Teleskopauszug am Backofen geliefert, sondern doch nur mit Klappe. Das ist für Sie eigentlich ärgerlich, denn mit Ihren Rückenbeschwerden ist das ständige Bücken für Sie nicht so einfach. Aber weil Sie keinen Ärger haben wollen – im konkreten Fall kann das bedeuten, dass Sie den armen Kerlen von der Spedition die Mühe ersparen wollen, das Ding wieder mitzunehmen, oder dass Sie nicht noch länger auf einen Herd verzichten wollen –, schlucken Sie den Ärger runter und behalten den Herd.

Unstimmigkeiten aus der Welt räumen

Es ist Ihnen sicher selbst aufgefallen: Was heißt in so einem Fall schon „weil Sie keinen Ärger haben wollen"? Ärger haben Sie infolge solcher faulen Kompromisse natürlich ständig. Klar, die Möbelpacker der Spedition freuen sich, wenn sie das Ding nicht wieder mitschleppen und kein zweites Mal kommen müssen. Außerdem denkt das Unternehmen, Sie sind mit seinem Service zufrieden.

Aber Hand aufs Herz: Das sind Sie ja gar nicht! Im Gegenteil, jedes Mal, wenn Sie den Ofen aufmachen und das Blech beziehungsweise den Rost mit der Pizza oder dem Kuchen darauf umständlich mit der Hand (und natürlich einem Topflappen) herausziehen müssen, werden Sie sich aufs Neue ärgern – über sich, über den dummen Callcenter-Agenten oder auch über den, der die Bestellung nicht richtig aufgenommen hat. Dagegen wäre die kleine Unannehmlichkeit, dass Sie vielleicht noch drei Tage länger einen Pizzaservice hätten in Anspruch nehmen müssen, sicher vergleichsweise leicht zu ertragen gewesen.

> Von einem faulen Kompromiss hat niemand etwas – am allerwenigsten Sie selbst.

Klartext hat eine langfristige Wirkung

Man darf auch nicht unterschätzen, was die latente Unzufriedenheit anrichtet, die entsteht, wenn Klartext unausgesprochen bleibt. Im Beispiel der falschen Lieferung kann der ungeeignete Herd üble Folgen für den Rücken haben – zumindest würde sich die gesundheitliche Situation nicht verbessern, sondern darunter leiden. Das ist wohl kaum wünschenswert, umso mehr, wenn die durch das Ärgernis entstandene schlechte Laune nicht nur Ihre eigene Lebensqualität beeinträchtigt, sondern auch die Ihrer Freunde und Ihrer Familie – weil Sie nämlich nichts mehr schaffen, weil Sie ständig krank sind oder auch einfach nur, weil Sie sich immerzu beschweren, selbst wenn Sie sich nur eine Tiefkühlpizza in den Ofen schieben.

Klartext nicht auszusprechen, hat also negative Auswirkungen, die durchaus langfristig sein können – zum Glück gilt das auch umgekehrt: Klartext zu sprechen hat langfristige positive Folgen. Eine davon habe ich bereits angesprochen: Vertrauen. Eine andere erkennen Sie indirekt am Beispiel des bestellten Herds: Klartext statt fauler Kompromisse schafft Zufriedenheit.

Wer versucht, in jeder Situation Klartext zu reden, der signalisiert, dass man sich auf das verlassen kann, was er sagt. Denn er gibt einen gut durchdachten Standpunkt wieder, hat sich in der Regel mit dem Für und Wider der Sachlage auseinandergesetzt und weiß, wovon er redet. Und er teilt es auch auf Augenhöhe mit.

Mit Klartext können Sie dafür sorgen, dass das, was Sie sagen, auch ankommt. Es klärt im wahrsten Sinne des Wortes die Lage.

Bleibt Klartext unausgesprochen, entstehen
- Misstrauen,
- Unzufriedenheit und
- Missverständnisse.

Durch Klartext schaffen Sie mehr
- Vertrauen,
- Zufriedenheit und
- Klarheit.

Kann Klartext alle abholen?

Wahrscheinlich werden Sie es nicht schaffen, immer alle Leute von sich zu begeistern. Klare Worte ecken oft an. Immer wieder wird es Menschen geben, denen nicht alles gefällt, was Sie sagen. Aber andererseits: „Everybody's darling is everybody's ..." Weiter geht's im Englischen mit „fool", von Franz-Josef Strauß treffend übersetzt mit „Depp".

Und so ist es auch. Wenn Sie jedem, der mit Ihnen spricht, nach dem Mund reden, dann spricht sich das herum. Und Leute, die immer nur die Ansicht anderer widerspiegeln, sind nie sonderlich beliebt. Sie bleiben in der Regel auch nicht im Gedächtnis, denn sie setzen keine neuen Akzente. Die Kunst von Klartext besteht darin, beim anderen eine Grenze zu überschreiten, ohne ihm auf den Schlips zu treten. Immerhin wollen

Sie ihn ja aufrütteln, ihn zu irgendetwas aktivieren –
denn Klartext wird ja (leider) meist nur in Situationen
gesprochen, die in irgendeiner Form ein ungelöstes
Problem beinhalten. Dabei spielt es gar keine Rolle, wie
groß das Problem ist, es kann sich durchaus auch um
ein kleines handeln, das andere möglicherweise gar
nicht wahrnehmen. Nehmen wir mal als Beispiel die
Zahnpastatube, die die werte Göttergattin nicht zuge-
schraubt hat. Das kann nerven, aber das Motto: „Klare
Ansage, die aber dennoch den Gesprächspartner ins
Boot holt", gilt in solchen Bagatellfällen genauso wie im
Großkonzern, in dem ein Marketing-Chef nach zehn
Jahren einen anderen ablösen soll, weil die Firmenstra-
tegie sich geändert hat.

Verfallen Sie nicht in Extreme

Dass Sie niemandem nach dem Mund reden sollen, liegt
auf der Hand. Im Geschäftsleben kommen Sie so nicht
weiter. Man hält Sie bestenfalls für einen Schleimer,
schlimmstenfalls für einen Dummkopf, der das Geld
nicht wert ist, das er verdient.

Aber auch mit dem Gegenteil erreichen Sie Ihr Ziel
nicht. Klartext sollte Extreme vermeiden. Ihr Ziel ist es
nämlich, eine Klarheit zu schaffen, aus der Neues entstehen kann, also eine Veränderung, die Sie und auch
die anderen wirklich weiterbringt. Wenn Sie den anderen jedoch nur Vorwürfe an den Kopf knallen, bringt
das niemanden weiter. Sie erreichen dadurch nur, dass
die anderen sich abwenden – innerlich oder äußerlich.

Und so sind die Leute aus dem Spiel, die Sie doch eigentlich für eine Veränderung gebraucht hätten.

Mit Beleidigungen oder eben Tacheles treten Sie nicht nur einzelnen Leuten empfindlich auf die Zehen, sondern oft gleich ganz vielen Menschen. Ob Ihre Ansagen, mögen sie noch so durchdacht sein, dann überhaupt noch ankommen, ist äußerst fraglich.

Natürlich ist Klartext nicht immer einfach, besonders wenn man jahrelange Gewohnheiten abschaffen und Veränderungen aktivieren will. Es ist eine Gratwanderung. Der Tonfall richtet sich nach dem Gesprächspartner. Aber wenn Sie diese Gratwanderung hinbekommen, wird man Ihnen sicher auch verzeihen, dass Sie dem einen oder anderen auch mal auf die Füße treten. Denn dann wird man früher oder später wissen, dass Klartext zu reden Ihre Art ist, sich mit Problemen auseinanderzusetzen – und dass diese Art für alle von Vorteil ist.

Klartext ist für jede Situation geeignet, denn er kürzt langwierige Prozesse ab. Beachten Sie allerdings, dass Sie dabei diejenigen, die Sie eigentlich ins Boot holen wollen, möglichst nicht vor den Kopf stoßen. Sie wollen eine Veränderung der Lage und dafür brauchen Sie in der Regel die Hilfe der anderen.

4.3 Blick in die Zukunft

Was in Zukunft geschehen wird, ist ungewiss. Ein Allgemeinplatz, werden Sie sagen, und sonderlich originell ist die Aussage wirklich nicht, zugegeben. Doch es gibt gute Gründe, sich diese Tatsache immer mal wieder vor Augen zu führen. Gute Betriebsführung, aber auch ganz allgemein ein gutes Leben haben viel mit guter Organisation zu tun, und diese kann nur gelingen, wenn man umsichtig handelt. Umsichtig heißt, sich alle Umstände anzusehen und sich auch in guten Zeiten darüber bewusst zu sein, dass vielleicht schlechte Zeiten kommen werden. Denn: Die Zukunft ist ungewiss.

Verpassen Sie keine Chance!

Vielleicht zweifeln Sie noch daran, dass es für Sie wirklich wichtig ist, mehr Klartext in Ihr Leben zu bringen, und fragen sich: „Warum sollte ich etwas ändern? Bisher hat ja immer alles gut geklappt. Ich störe mich nicht an den Marotten meines Partners, und die Leute werden mein Produkt oder meine Dienstleistung immer brauchen, egal, was kommt."

Das ist völlig in Ordnung. Solange es gut läuft, muss man nicht unbedingt etwas ändern. Allerdings sollte auch das Nicht-Ändern dann eine gut überlegte Entscheidung sein.

Ein gutes Beispiel ist hier wieder der Wintermantel: Solange draußen sommerliche Temperaturen herrschen, braucht man keinen. Wenn es sich um ein warmes Jahr handelt, wird's auch im Herbst noch so warm sein, dass man mit einer Strickjacke gut durchkommt. Wozu also an Frost denken? Und daran, dass man einen Wintermantel bräuchte? In manchen Jahren reicht auch noch im Dezember ein einfacher Trenchcoat aus, weil die Temperaturen nicht unter 7 oder 8 Grad rutschen.

Je weiter der Winter allerdings fortschreitet, desto größer wird die Wahrscheinlichkeit, dass ein plötzlicher Kälteeinbruch ins Haus steht. Und dann stehen Sie ohne Mantel da. Und nicht nur das: Sie haben Schwierigkeiten, einen geeigneten Wintermantel zu finden, weil Sie keine Zeit zum Einkaufen haben. Außerdem braucht plötzlich alle Welt warme Jacken und Mäntel – und das weiß man auch in den Läden und setzt die Preise entsprechend herauf.

Veränderungen sind positiv

Sie sehen: Man muss immer auf Unwägbarkeiten gefasst sein. Wie das Beispiel zeigt, gilt das nicht nur für Großkonzerne, sondern ist auch im Kleinen durchaus anwendbar. Für Klartext heißt das: Es ist nie zu früh, sich zu überlegen, wie und wo man Dinge klar ansprechen oder aussprechen sollte.

Vielen Menschen sind solche klaren Ansagen jedoch suspekt. An dieser Stelle sei noch einmal an den schwachen Erfolg von Twitter im Gegensatz zum durchschlagenden Erfolg von Facebook in Deutschland erinnert: Statt zu einem Thema Stellung zu nehmen, wird lieber ein Bild vom eigenen Mittagessen gepostet. Da kann man einfach „Gefällt mir" (oder eben auch nicht) klicken – und hat schon ein Statement abgegeben. Statt über relevante Themen zu diskutieren und Ansichten auszutauschen, bleibt man lieber bei sich und schaut in die Vergangenheit. Das kann durchaus eine Weile gut gehen, aber letztendlich sind Veränderungen die Basis für Erfolg.

Jetzt sehe ich vor meinem inneren Auge viele Leser förmlich die Nase rümpfen. „Der redet von Erfolg! Wer will denn schon Erfolg? Ich habe keine großen Ansprüche." Aber auch die kleinen Freuden und Annehmlichkeiten gehören zu den Dingen, die eine Basis benötigen – auch das sind Erfolge!

Alles soll bleiben, wie es ist?

Es läuft darauf hinaus, dass man ein Ziel vor Augen haben sollte. Was wollen Sie erreichen? Selbst wenn Sie nur wollen, dass alles beim Alten bleibt: Auch das ist ein Ziel, auf das man hinarbeiten kann. Auch so ein Ziel kann Klartext brauchen – und sei es nur, dass man sich mal eine Weile zurücklehnt und sich überlegt, was man tun kann, um diesen Zustand zu stabilisieren.

> Vor Entscheidungen stehen Sie jeden Tag, und es hilft nicht, den Kopf in den Sand zu stecken. Man muss sich mit der Zukunft auseinandersetzen.

Betrachten wir zum Beispiel einmal Amazon. Vor ein paar Jahren noch war das nichts weiter als ein Buchhändler im Internet. Jetzt ist es eines der größten Internetversandhäuser der Welt, eine Plattform, die sogar eBay Konkurrenz macht.

Aber was ist aus den Versandhäusern geworden, die in Deutschland ewig und drei Tage Geschäfte gemacht haben? Die Namen klingen noch nach: Otto fällt mir da ein, den gibt's noch, außerdem Neckermann und Quelle, aber die sind pleite. Woran liegt's? Hier haben die Verantwortlichen die Zeichen der Zeit nicht erkannt. Oder vielleicht haben sie's getan, aber entschieden, dass alles so bleiben soll, wie es ist. „Internet? Das ist doch Neuland!" So in der Art könnte es gelaufen sein. Fakt ist, dass der E-Commerce vollständig links liegen gelassen wurde. Und den Letzten beißen nun einmal die Hunde, wie es so schön heißt.

Auch diese Unternehmen wollten wahrscheinlich nichts weiter, als dass alles beim Alten bleibt, wobei darunter zu verstehen ist, dass das Geschäft weiter gut läuft und der Gewinn weiter ansteigt oder zumindest gleich bleibt, sodass man sich keine Sorgen machen muss.

Treffen Sie Entscheidungen!

Um eine Entscheidung zu treffen, muss man die Zukunft nicht kennen. Es reicht, über die Gegenwart nachzudenken und sich aufgrund der aktuellen Gegebenheiten ein Bild von der Lage zu machen. Insofern ist richtig angewandter Klartext auch eine Investition in die eigene Zukunft – wie auch immer die aussehen mag. Das Nachdenken darüber ist wichtig.

Niemand will beispielsweise der Autoindustrie das Geschäft vermiesen, wenn er darauf hinweist, dass es in Zukunft heißen muss: weg vom Erdöl. Kurz darüber nachgedacht, liegen die Fakten schnell auf dem Tisch: Lange werden die Ressourcen für herkömmlichen Kraftstoff nicht mehr ausreichen. Wenn die deutsche Autoindustrie nicht aufpasst, schnappt die ausländische Konkurrenz ihr das Geschäft vor der Nase weg. In Sachen Elektromotor erobert sich das kalifornische Unternehmen Tesla Motors gerade das Premiumsegment, erst im Oktober 2015 stellte Toyota einen serienreifen Wagen mit Wasserstoff-Brennstoffzelle vor, den Mirai. Beides keine deutschen Wagen – dabei hatten Mercedes, BMW und VW vor noch gar nicht so langer Zeit weltweit die Marktmacht inne.

Es scheint, als wäre in so manchem großen Konzern Klartext vonnöten. Doch auch in Ihrem beruflichen und privaten Alltag fallen Ihnen sicher ähnliche Beispiele ein, in denen ein Blick in die Zukunft und klare Worte viel bewirken könnten – nicht zuletzt, indem sie eine Basis schaffen für Entscheidungen, die Veränderungen anstoßen.

Eine gute Entscheidung kann nur fällen, wer sich auch Gedanken darüber macht, wo er in Zukunft hinwill, und dazu auch einen entsprechenden Plan hat. In solchen Fällen ist Klartext eine Strategie, auf der sich auch eine Zukunft aufbauen lässt. Klare Worte und ein reflektierter Standpunkt sind also die Voraussetzungen für tragfähige Entscheidungen.

Testes Sie sich!

Testen Sie sich!

Ein letzter Versuch sozusagen. Ein letzter Test. Wie weit haben Sie Klartext schon verinnerlicht?

Stimmen Sie zu?	✓
In einer Diskussion finde ich es wichtiger, die richtigen Fragen zu stellen, als gleich fertige Antworten zu verlangen.	
Wenn ich mit irgendetwas großen Erfolg habe, überlege ich mir schon, was ich machen werde, sobald der Erfolg nachlässt.	
Negative Kritik äußere ich grundsätzlich so empathisch, dass die kritisierte Person sie auch annehmen kann.	
Mir ist es wichtig, meine Probleme stets mit der Familie oder engen Freunden zu diskutieren.	
Ab und zu eine peinliche Situation zu erleben, gehört für mich zum Leben dazu, das vergesse ich dann auch schnell wieder.	
Ich weiß, dass man an gelungener Kommunikation oft arbeiten muss, egal ob im Beruf oder privat.	

Haben Sie es gemerkt? Diesmal lief es anders herum als in den Kapiteln davor: Je mehr Aussagen Sie zustimmen können, desto weiter sind Sie schon gekommen in Ihrer Umstellung auf Klartext. Dann heißt es: Glückwunsch! Stimmen Sie diesen Aussagen zu, dann haben Sie's geschafft. Für Sie ist Klartext kein Thema mehr.

30 Klartext ist eine Strategie. Sie wollen etwas erreichen? Klare Worte sind die Grundlage für jede Entscheidungsfindung und helfen Ihnen in jeder Situation weiter. Klartext bringt Sie an Ihr ganz persönliches Ziel!

- Sorgen Sie dafür, dass man sich auf Ihre Aussagen verlassen kann. Vertrauen ist die Basis dafür, dass Sie die Veränderungen, die Sie sich wünschen, auch tatsächlich erreichen.

- Es gibt keine Situation, in der Klartext nicht sinnvoll wäre. Natürlich sollten Sie das, was Sie sagen wollen, niemandem wie einen Vorwurf vor den Latz knallen, auch wenn es gut überlegt ist. Ein bisschen Empathie ist gefragt. Sie sollen die Leute ins Boot hineinholen und sie nicht hinauswerfen.

- Werden Sie sich über Ihr Ziel klar. Wenn Sie ein Ziel klar vor Augen haben, dann können Sie sich auch dafür einsetzen. Insofern ist Klartext auch eine Lebenseinstellung.

Die fünf Prinzipien von Klartext

1. Prinzip: Klarheit

Das Wort sagt es schon: Klartext benötigt Klarheit. Je klarer der eigene Standpunkt, desto weniger verwirrende Folgen wird ein Konflikt haben.

Meinungen gibt es heutzutage viele. Doch das ist noch kein Klartext, denn der ist meiner Ansicht nach lösungsorientiert. Das ist eine Meinung nicht unbedingt. Sie ist in der Regel erst einmal nur ein undifferenzierter Beitrag zu einer Diskussion – so wie man es von Talkshow-Einspielern kennt, bei denen auf der Straße Passanten nach ihrer Ansicht zu irgendetwas gefragt werden.

Das heißt nicht, dass diese Meinungen nicht auch Schlaglichter auf eine mögliche Lösung für das Problem werfen können, aber eine eigene Ansicht, ein eigener Standpunkt braucht Reflexion. Dazu gehört:

- Themen trennen,
- erkennen, was die Frage ist, und
- nachfragen, wenn man etwas nicht versteht.

Der Grafiker kann Ihre Anzeige nicht nach Ihren Wünschen umsetzen, wenn Sie nur sagen: „Gefällt mir nicht. Die Farbgebung ist nicht schön." Das ist zunächst nur ein Eindruck. Erst dadurch, dass Sie versuchen, diese Meinung mit Argumenten zu untermauern, wird aus einem flüchtigen Eindruck ein fundierter und überlegter Standpunkt.

Bleiben wir bei diesem Beispiel: Sie müssen sich nicht nur mit der Anzeige selbst auseinandersetzen, sondern auch damit, was dahintersteckt: Was bezwecken Sie damit? Was wollen Sie mit dieser Anzeige erreichen – und haben Sie diese Wünsche, diese Bedürfnisse dem Grafiker auch so mitgeteilt?

Zur Klarheit, zu Ihrem eigenen überlegten Standpunkt, müssen Sie also einen Weg gehen. Themen wollen entwirrt, unter Umständen wieder zusammengefasst und gebündelt werden. Klartext kann nur reden, wer nachgedacht hat, wer Themen trennen und neue Zusammenhänge herstellen kann.

2. Prinzip: Ehrlichkeit

Für Klartext braucht es Ehrlichkeit. Doch auch hier gilt es, einen wichtigen Unterschied zu beachten: den zwischen Tacheles und Klartext.

Wenn Sie genauer darauf achten, dann wird Ihnen sicher auch klar: Tacheles ist vielleicht auf einer Seite ehrlich – nämlich auf der, auf der etwas ausgesprochen wird –, aber auf der anderen Seite nicht, und zwar auf der Seite desjenigen, der sich den Klartext anhören muss. Statt Klartext zu reden, wird er das Gegenteil machen: sich zurückziehen und das Gespräch abbrechen.

Klartext braucht nicht nur einen eigenen, klaren Standpunkt, sondern auch Vertrauen. Fehlt dieses Vertrauen, dann ist kein Klartext möglich.

Vertrauen bedeutet, dass jemand Klartext sprechen kann, ohne dass er dabei Angst haben muss. Angst ist ein wesentlicher Grund dafür, dass es immer weniger Möglichkeiten gibt, sich wirklich deutlich auszudrücken – was wiederum die Möglichkeiten, Klartext zu sprechen, einschränkt. Dieser Teufelskreis lässt sich nur durch Ehrlichkeit durchbrechen.

Das heißt nicht, dass Sie nun jedem die ungefilterte Wahrheit ins Gesicht sagen müssen und alles hinausposaunen, was Sie denken. Es reicht aus, wenn das, was Sie sagen, dem entspricht, was Sie denken. Vor den Kopf stoßen müssen und sollen Sie niemanden. Geben Sie dem anderen die Informationen, die er braucht, um sich ein zutreffendes Bild von der Situation zu machen.

3. Prinzip: Mut

Mut ist nicht das Gegenteil von Angst oder ein Freisein von Angst. Wer mutig ist und sich gefährlichen Situationen stellt, hat genauso Angst wie der, der sich in sein Schneckenhaus verkriecht und abwartet, bis die Luft wieder rein ist. Der Unterschied: Der Mutige überwindet diese Angst.

Vielleicht könnte man auch sagen, jemand, der Mut hat, sei ein Optimist. Wem das zu positiv formuliert ist, der kann auch sagen: Mutig zu sein heißt, sich von Angst nicht daran hindern zu lassen, das zu tun, was einen voranbringt. Dass gelebter Klartext produktiv ist und in jeder Lebenslage empfehlenswert, darin sind sich wohl alle einig. Es lohnt sich also, die Angst davor zu überwinden. Manchmal ist die Angst ja auch nur eingebildet. Wenn Dinge unklar sind und niemand so recht weiß, woran man ist, dann entstehen Probleme. Das schürt Angst, Angst, die Klartext verhindert und Vertrauen minimiert, was dann wiederum zu weniger Ehrlichkeit führt.

Der Weg aus einer solchen vertrackten Situation besteht darin, den Mut zu haben, diese Angst zu überwinden und einfach zu sagen, was man denkt – und zwar so, dass es beim anderen ankommt. Das schafft Vertrauen und damit auch ein Klima, in dem Klartext wieder möglich und schließlich sogar selbstverständlich werden kann.

Es kommt auf das richtige Maß an. Mut ist nicht gleich Übermut. Oder Leichtsinn. Mutig ist der, der seine Angst überwinden kann und sie als Warnsignal begreift, mit dessen Hilfe er Probleme aus der Welt schaffen kann.

Und vergessen Sie nicht, auch andere zu ermutigen und zu unterstützen, wenn sie einen Standpunkt vertreten, und zwar selbst dann, wenn es nicht Ihr eigener ist. Aber auch so entsteht Respekt. Und Respekt ist eine Vorstufe zu Vertrauen.

4. Prinzip: Bindung

Den Mut, Klartext zu reden, die Ehrlichkeit, sich selbst zu überwinden und den eigenen Standpunkt zu vertreten: Beides gibt es nur, wenn eine Bindung da ist. Eine Bindung zum Thema, wenn Sie so wollen. Nur wer diese Bindung empfindet, wird sich auch wirklich die Mühe machen, Klartext zu reden.

Interesse ist wichtig, und zwar ein ehrliches Interesse am Austausch von Inhalten. Das setzt auch Interesse an der Person voraus, mit der man spricht oder sprechen will. Man interessiert sich also nicht nur für das Gesagte, sondern auch für denjenigen, dem man es sagt. Man will mit ihm etwas klären.

Sind mir sowohl das Thema als auch der Mensch egal, mit dem ich Standpunkte austauschen will, ist mir auch das Gespräch egal. Mit wildfremden Menschen oder mit solchen, die mich nicht interessieren, will ich mich auch nicht austauschen. Wozu auch? Man hat wahrscheinlich ohnehin keine Gemeinsamkeit – wäre eine solche vorhanden, dann bestünde ja auch schon wieder Interesse, denn: Bindung ist das Gegenteil von Gleichgültigkeit.

Ich bringe Mut und Ehrlichkeit dann auf, wenn mir weder die Sache noch der Mensch dahinter egal sind, wenn mir also das Thema und die Menschen, mit denen ich kommuniziere, wichtig sind. Denn Klartext ist nichts anderes als erfolgreiche und fruchtbare Kommunikation.

5. Prinzip: Empathie

Jetzt wird's schwierig. Denn beim Prinzip Empathie sind wir an einem Punkt angelangt, an dem man an den anderen denken muss und nicht mehr an sich selbst.

Sie haben viel darüber gelesen, dass Sie Mut brauchen und Ehrlichkeit und Klarheit. All das ist eher „Ihr Ding", ebenso, dass Sie ein Interesse am Thema und den Menschen, mit denen Sie kommunizieren, haben sollten. Das alles sind Bereiche, für die Sie selbst verantwortlich sind. Diese Punkte sind zwar wichtig, aber das alles nutzt Ihnen nichts, wenn der andere nicht so will wie Sie!

Empathie gehört also auch zu den fünf Prinzipien von Klartext. Dabei ist es wichtig, dass sich die Gesprächspartner auf Augenhöhe befinden. Darüber hinaus gilt es zu bedenken, dass Klartext etwas Subjektives ist. Entscheidend ist nicht, wie Sie über das Problem denken, sondern wie die Tatsache, dass Sie es ansprechen, beim anderen ankommt – es gibt Menschen, die abwägen, und solche, die emotional reagieren und sich nicht gern etwas sagen lassen.

Sie sollten also darauf achten, wen Sie vor sich haben. Mit einem cholerischen Chef kann man nicht so reden wie mit dem besten Freund. Bei Ihrem Kumpel kann der Klartext schon mal mit einem freundschaftlichen „Idiot" garniert sein. Bei einem Freund kommt das anders an als bei einem Chef. Sie sollten sich also genau mit Ihrem Gegenüber beschäftigen und auf die jeweilige Person eingehen. Doch in jedem Fall müssen Sie, wollen Sie Klartext reden, Grenzen überschreiten – und das, ohne zu beleidigen.

Fast Reader

1. Nichts läuft ohne Klartext

Wir reden häufig keinen Klartext, sondern lassen nur unseren Frust ab. Damit tragen wir selbst zu einer negativen Beurteilung des Begriffs bei – und das, obwohl Klartext doch eigentlich helfen sollte, uns Gewissheit zu verschaffen. Also: Keine Angst mehr vor Klartext!
Eine Meinung – „Es könnte ja sein, dass ..." – ist noch kein Klartext. Für Klartext brauchen Sie einen Standpunkt: „Ja oder nein, weil ..." Und so einen Standpunkt muss man sich erst einmal überlegen – sonst wird das nichts mit der klaren Position. Eine Lösung ist das noch nicht, aber der erste Schritt dorthin.

Um zu erkennen, was Klartext ist, sollten Sie sich über Folgendes Gedanken machen:
- **Was heutzutage „Klartext" genannt wird, ist oft keiner. Klartext ist keine Frustentladung, die meist stattfindet, wenn das Kind schon in**

den Brunnen gefallen ist – oder er sollte es zu-
mindest nicht sein!

- *Klartext heißt, dass Sie selbst Stellung bezie-*
  hen. Aber: Eine Meinung ist kein Standpunkt.
  Ein reflektierter Standpunkt ist etwas, das man
  sich erarbeiten muss. Investieren Sie Zeit und
  Arbeit – das ist nötig, um überhaupt zu einem
  reflektierten Standpunkt zu kommen.
- *Manchmal kann Klartext wehtun. Nicht nur*
  dem Adressaten, sondern auch Ihnen selbst. Es
  kostet Mut, Zeit und Arbeit. Aber es lohnt sich!

2. Bewusst Klartext reden

Konzentrieren Sie sich darauf, wie die Frage lau-
tet, die Klartext erfordert, und reden Sie dabei
nicht um den heißen Brei herum. Es geht um eine
Lösung des Problems, nicht um das Problem
selbst. Es kann helfen, sich selbiges ebenfalls an-
zusehen, aber man sollte für eine Antwort in ers-
ter Linie die Frage kennen.

Sprechen Sie das Problem aus, aber versuchen
Sie, keine beleidigenden Worte zu nutzen und
nicht zu direkt zu sein, selbst wenn Sie sich geär-
gert haben. Sie mögen noch so recht haben, Sie
sollten dennoch mit dem anderen zusammenar-
beiten, um das wirklich Wichtige zu tun: das Pro-
blem lösen, das auf dem Tisch liegt.

Um wirklich bewusst Klartext reden zu können,
sollten Sie also Folgendes beachten:

- *Formulieren Sie Ihren Klartext lösungsorientiert und sachlich. Die Lösung interessiert, nicht die Geschichte dahinter.*
- *Geben Sie zu, wenn Sie etwas nicht wissen!*
- *Verwechseln Sie klare Worte nicht mit Beschimpfungen! Tacheles ist kein Klartext, sondern verhindert ihn schlimmstenfalls. Meist geht es dabei nur darum, von oben nach unten auszuteilen. Behandeln Sie Ihr Gegenüber auf Augenhöhe!*
- *Sprechen Sie Probleme früh genug an – noch bevor es zur Krise kommt. Es hilft oft schon, sich an Punkt eins zu erinnern: Die Lösung interessiert, nicht die Geschichte.*

3. Jederzeit Klartext reden

Sagen Sie klipp und klar, was Sie wollen. Artikulieren Sie Ihre Wünsche! Die anderen können Ihre Gedanken nicht lesen. Wenn sich etwas ändern soll, sollten Sie Ihre Bedürfnisse klar äußern.
Leben Sie für sich Klartext, aber bleiben Sie dabei aufmerksam gegenüber Ihren Mitmenschen und deren Befindlichkeiten. Es nutzt niemandem, wenn Sie Ihren Standpunkt einfach so in die Welt hinausposaunen, aber niemand so recht etwas

damit anzufangen weiß – oder andere sich abgestoßen oder zurechtgewiesen fühlen.

30 *Klartext ist gut in jeder Lebenslage. Aber einige Grundregeln sind dabei zu beachten.*
- *Werden Sie sich über Ihre Bedürfnisse klar. Was wollen Sie erreichen? Was soll sich ändern?*
- *Seien Sie ein Vorbild! Gehen Sie mit gutem Beispiel voran, indem Sie klar und deutlich sagen, was Sie über die Situation denken.*
- *Nehmen Sie auch an, wenn andere mit Ihnen Klartext reden.*
- *Lenken Sie nicht vom Problem ab, denn um ihm auf den Grund zu gehen, muss man es klar benennen können.*
- *Soll eine Lösung zielführend sein, muss man unter Umständen auch die Richtung vorgeben – also das, was man fordert, selbst umsetzen.*

4.   Klartext als Lebenseinstellung

Ob das, was Sie sagen, Klartext ist oder nicht, hängt davon ab, ob Sie verbindlich rüberkommen. Das heißt nicht, dass Sie Interesse heucheln sollen, wo eigentlich keines ist. Das mag zwar das Gegenüber beruhigen, doch die Situation klärt das nicht. Sorgen Sie stattdessen dafür, dass man sich auf Ihr Wort verlassen kann. Dazu gehört un-

ter anderen auch, dass Sie vorausschauend planen.

Klartext ist für jede Situation geeignet, denn er kürzt langwierige Prozesse ab. Beachten Sie allerdings, dass Sie dabei diejenigen, die Sie eigentlich ins Boot holen wollen, nicht vor den Kopf stoßen. Sie wollen eine Veränderung der Lage und dafür brauchen Sie in der Regel die Hilfe der anderen.

Klartext ist eine Strategie. Sie wollen etwas erreichen? Klare Worte sind die Grundlage für jede Entscheidungsfindung und helfen Ihnen in jeder Situation weiter. Klartext bringt Sie also auf jeden Fall an Ihr ganz persönliches Ziel!

- **Sorgen Sie dafür, dass man sich auf Ihre Aussagen verlassen kann. Vertrauen ist die Basis dafür, dass Sie die Veränderungen, die Sie sich wünschen, auch tatsächlich erreichen.**
- **Es gibt keine Situation, in der Klartext nicht sinnvoll wäre. Natürlich sollten Sie das, was Sie sagen wollen, niemandem wie einen Vorwurf vor den Latz knallen, auch wenn es gut überlegt ist. Ein bisschen Empathie ist gefragt. Sie sollen die Leute ins Boot hineinholen und sie nicht hinauswerfen.**
- **Werden Sie sich über Ihr Ziel klar. Wenn Sie ein Ziel klar vor Augen haben, dann können Sie sich auch dafür einsetzen. Insofern ist Klartext auch eine Lebenseinstellung.**

30

Der Autor

 Dominic Multerer (Jahrgang 1991) lebt Klartext und gilt als Marketingtalent. Er ist Unternehmer, Marketeer und Redner. Mit 16 Jahren kürte ihn das Handelsblatt zu Deutschlands jüngstem Marketingchef. Mit seinen Tätigkeiten an Hochschulen, besonders der European Management School (EMS) in Mainz, ist er auch einer der jüngsten Hochschuldozenten Deutschlands. Er kann Firmen wie BP Europe, Goodyear Dunlop, Arvato Bertelsmann, Vodafone & Co. zu seinen Referenzen zählen. Ebenso unterstützt er KMUs wie die Stahlwille Gruppe und Dürkop bei strategischen und praktischen Marken- und Veränderungsthemen. Multerer steht für Klartext, Umsetzungspower und überzeugendes Marketing-Know-how.

Kontakt:
www.dominic-multerer.de
info@dominic-multerer.de

Weiterführende Literatur

Klartext ist einfach. Manchmal denken wir viel zu viel nach. Wie Sie Dinge einfacher machen können, haben diese Kollegen gut zusammengefasst:

- Grzeskowitz, Ilja: Mach es einfach! Offenbach: GABAL, 2016.
- Wasmund, Sháá & Newton, Richard: Nicht reden, machen! Offenbach: GABAL, 2014.

Klartext ist – wenig überraschend – klare Kommunikation. Hier ein paar passende Ratgeber:

- Brandl, Peter: Kommunikation – und was Sie darüber wissen sollten, um sich das Leben leichter zu machen. Offenbach: GABAL, 2015.
- Härter, Gitte: Nerv nicht! Offenbach: GABAL, 2010.

Klartext erfordert Mut. Mut ist nicht zuletzt auch Selbstbewusstsein. Wenn Sie glauben, bei Ihnen hapert es daran, dann kann ich Ihnen folgende Bücher empfehlen:

- Härter, Gitte: Peinlich, peinlich ... Offenbach: GABAL, 2013.
- Opitz, Stefan & Lorenz, Thomas: 30 Minuten Selbst-Bewusstsein. Offenbach: GABAL, 2011.

Zuletzt lasse ich mir die Gelegenheit nicht entgehen, auch auf mein anderes Klartextbuch zu verweisen:

- Multerer, Dominic: Klartext. Offenbach: GABAL, 2015.

Register